Mantrailing

Ute Rott

Mantrailing

Praktische Anleitung (nicht nur) für Anfänger

PhiloCanis Verlag

Bibliografische Information der Deutschen Nationalbibliothek:
Die Deutsche Nationalbibliothek verzeichnet diese Publikation in der Deutschen Nationalbibliografie; detaillierte bibliografische Daten sind im Internet über http://dnb.dnb.de abrufbar.

PhiloCanis Verlag
Metzelthin 22
17268 Templin
mail: ute.rott@yahoo.com
www.forsthaus-metzelthin.de

Satz & Layout: Franz Sonnenstatter, Hausham

Herstellung:
BoD – Books on Demand, Norderstedt

ISBN: 978-3-9818307-3-6

Inhalt

Einleitung 7

Unterschied zum üblichen Training 13

Grundsätzliches 16

Teamwork 22

Und so fangen wir an! 28

- Was Sie am Anfang beachten müssen 28
- Aufbau mit Schleppe 31
- Aufbau mit Bezugsperson (nach Robert Boulanger) 34
- Allgemeingültiges 36

Leine und Leinenhaltung 51

Aufbau von Schwierigkeiten 54

Trainingsvariationen 59

Dokumentation 73

Was noch zu beachten ist 75

Fazit 79

Glossar 80

Danke schön 84

Zur Autorin 85

Einleitung

Stellen Sie sich folgendes Szenario vor: Ihr Kind geht mit anderen in den Wald um Verstecken zu spielen und leider versteckt es sich so gut, dass es nicht nur nicht gefunden wird, es findet auch nicht mehr zurück. Horror! Zuerst sind Sie vollkommen entsetzt und außer sich, dann fällt Ihnen die Frau ein, die ein paar Häuser weiter wohnt. Diese Frau geht regelmäßig zum Mantrailing in eine Hundeschule und erzählt immer ganz begeistert davon. In Ihrer Not klingeln Sie bei ihr und bitten Sie, Ihnen zu helfen. Sie sagt, dass sie das eigentlich nicht darf, Sie sollten zur Polizei gehen, aber Sie lassen nicht locker. Also lässt sie sich erweichen, holt ihren Hund, sagt Ihnen, was sie von Ihnen braucht und Sie gehen mit ihr zu der Stelle, wo Ihr Kleiner das letzte Mal gesehen wurde. Und tatsächlich: nach ca. 15 Minuten findet der Hund Ihr sehr unglückliches Kind, das einfach vergessen hatte, wo es lang gegangen ist.

Übertrieben? Ganz sicher nicht. Ein gut ausgebildeter Mantrailerhund, auch wenn er keine Prüfungen absolviert hat, ist sehr wohl in der Lage eine vermisste Person zu finden. Das und die Tatsache, dass es wenige Aufgaben für Hunde gibt, die Mensch und Hund gleichermaßen so sehr begeistern, ist der Grund, warum Mantrailing seit einigen Jahren groß in Mode ist. Dass genau sowas passiert, wie oben beschrieben, ist mehr als unwahrscheinlich – einfach deshalb, weil es vermutlich mehr Mantrailerhunde gibt, die das könnten, als Menschen, die verloren gehen. Aber für viele Menschen ist die Vorstellung, dass ihr Hund so etwas hinkriegt, ausreichend, um mit ihm regelmäßig zum Training zu gehen.

Was ist Mantrailing eigentlich genau? Im Grunde ist es nicht sehr viel anders als das, was wir unter „Fährte" verstehen, nur ein wenig differenzierter. Üblicherweise versteht man unter Fährte eine Geruchsspur, die von einem Menschen oder Tier stammt. Der Hund wird dort hin geführt, wo die Spur beginnt und er soll ohne weitere Hilfe diesen Geruch (Individualgeruch) aufnehmen und ihm folgen. Am Ende findet er eine Belohnung oder bekommt sie von seinem Hundeführer. Dazu wird der Hund an einer langen Leine geführt, nur in seltenen Fällen geht der Hund frei.

Jagdhunde bildet man auf reine Wildfährten aus, die nach der Verletzung des angeschossenen Tieres riechen. Der Hund soll es finden, wenn es sich noch wegschleppen und verstecken konnte. Ein gesundes Tier soll ein Jagdhund nicht verfolgen. Wenn wir einen nicht jagdlich geführten Hund zur Fährte ausbilden, möchten wir auf gar keinen Fall, dass er Rehen oder Hasen folgt, sondern ausschließlich einer Menschenfährte. Dazu wird er wie der Hund an den Antritt (= Beginn der Geruchsspur) herangeführt und soll selbständig das Ende der Fährte finden. Wir dürfen dabei aber nicht vergessen, dass der Individualgeruch nichts typisch menschliches ist, sondern jedem Lebewesen anhaftet, auch Wildtieren. Deshalb besteht Grund anzunehmen, dass auch Jagdhunde nicht einfach dem diffusen Geruch der Verwundung folgen, sondern dem Geruch exakt dieses Tieres, das verwundet wurde. Ebenso wird es auch bei einer normalen Fährte sein. Wenn jetzt nicht der richtige Antritt bei einem verloren gegangenen Menschen gefunden wird, könnte es passieren, dass der Hund einer anderen Fährte folgt, die ihn einfach interessiert. Bei einem gut ausgebildeten Jagdhund kann man davon ausgehen, dass für ihn der Verwundgeruch (= Blutspur, Verletzungsgeruch) maßgeblich ist und er diesem in Verbindung mit dem Individualgeruch folgt, aber nicht dem Geruch eines unverletzten Tieres.

Die entscheidenden Unterschiede vom Mantrailing zur Fährte sind, dass der Hund lernen soll,

1. nicht allgemein dem Geruch „Mensch", sondern dem einer bestimmten Person zu folgen, dies wird durch gezieltes Training mit einem Geruchsartikel trainiert,
2. seine Sucharbeit überall auszuführen, also nicht nur auf Wiesen, Feldern und im Wald, sondern im Ortsbereich, in geschlossenen Häusern, Parks, überall wo sich Menschen aufhalten,
3. sich von Anfang an den Antritt (= Beginn des Trails) selber zu suchen, da im Gegensatz zum verwundeten Wild ein verloren gegangener Pilzsucher meistens keine sichtbaren Markierungen hinterlässt.

Der große Vorteil für „Spaß"trailer, also Menschen, die ihren Hund nicht bei einer Rettungshundestaffel ausbilden, sondern weil sie gemeinsam daran Freude haben, ist also, dass sie kein spezielles Gelände brauchen, sondern nach einer kurzen Anfangsphase mit minimaler Ablenkung schnell in ihrer ganz normalen Umgebung arbeiten können. Die Versteckpersonen, also die Menschen, die der Hund suchen soll, sind einfach die Freunde, Bekannten, Verwandten, die z.B. ihr Auto nicht unmittelbar in der Nähe parken, sondern etwas weiter weg, und nach dem Besuch in der Nähe des Parkplatzes ein Tempotaschentuch verstecken, das der Hund dann zur Freude aller findet. Oder auch die eigenen Kinder oder Partner, die immer mal wieder „verschwinden" und sich vom Familienhund suchen lassen.

Mantrailing ist ein unglaublich komplexes Thema. Jeder, der sich dafür interessiert, sollte sich so umfassend wie möglich informieren, da die Hunde sehr schnell Fehler machen, wenn beim Aufbau und Training nicht gründlich vorgegangen wird. Aber das kann man alles lernen. Dieses Buch soll Ihnen einen Einblick geben, was alles auf Sie zukommt, wie Sie am besten mit Ihrem Hund arbeiten und wie Sie Problemstellungen angehen. Idealerweise haben Sie ein Seminar besucht und machen in einer Gruppe weiter, in der nach vernünftigen Regeln gearbeitet wird. Aber auch wenn das nicht der Fall ist und Sie finden einige Helfer, die Sie privat unterstützen, können Sie nach dieser Anleitung mit Ihrem Bello ein bisschen „Spaßtrailen" betreiben.

Es ist leider nicht möglich, alle Begriffe so zu erklären oder zu sortieren, dass nicht trotzdem immer wieder etwas erwähnt wird, das erst weiter hinten erklärt werden kann. Falls Sie also einen neuen Begriff finden, warten Sie entweder bis Sie bei der Erklärung gelandet sind oder Sie blättern weiter und lesen vor. Das ist ausdrücklich erlaubt. ☺ Außerdem finden Sie am Ende des Buches ein Glossar mit Begriffserläuterungen. Und es ist – fast – nicht möglich, dieses Thema wirklich erschöpfend zu behandeln. Man sollte sich, wenn man einigermaßen ernsthaft trailen möchte, soviel Literatur wie möglich besorgen und im Internet recherchieren. Es geht nicht nur darum, wie man es richtig macht, sondern auch darum, Fehler möglichst zu vermeiden. Es gibt Dinge zu beachten, die im normalen Alltag nicht wirklich wichtig sind, aber beim Trailen eine entscheidende Rolle spielen können, z.B. Wind und Wetter. Dummerweise können wir gerade diese Dinge meistens nicht beeinflussen, also geht es in der Praxis darum zu lernen, wie man damit umgeht. Es ist leicht zu sagen, welche Wind- und Wetterbedingungen ideal sind, aber beim Training und erst recht beim Ernsteinsatz müssen Sie vor Ort entscheiden, ob ein Trail auch unter schwierigeren Bedingungen möglich ist.

Und es ist ein wenig Bescheidenheit angebracht. Seit Hunde bei Menschen leben, wurden sie dazu verwendet, verloren gegangene Personen wiederzufinden, egal ob es sich um Verbrecher, verwirrte alte Menschen, verirrte Kinder oder flüchtige Sklaven handelte. Mantrailing ist also nicht wirklich eine Erfindung der Neuzeit, sondern nur eine etwas genauere und gründlicher ausgebildete Hundearbeit, die es bereits seit Jahrhunderten gibt. Der entscheidende Unterschied zu früher ist, dass auch normale Hundebesitzer ihrem Hund eine artgerechte Auslastung verschaffen möchten und nicht nur hochspezialisierte Rassehunde zum Einsatz kommen. Wenn dann nebenbei noch etwas Nützliches für die menschliche Gemeinschaft herauskommt – umso besser!

Das Hauptproblem für die Hunde beim Trailen ist, dass sie einer relativ alten Spur folgen sollen. Bei der Jagd – und nichts anderes ist trailen für Hunde – folgt der Hund immer der frischesten Spur, die den besten Erfolg verspricht. Das erklärt, warum jagdlich interessierte Hunde, die bereits erfolgreich waren, Spuren, die älter als eine, max. zwei Stunden sind, oft nur kurz beschnüffeln und sich nicht weiter dafür interessieren. Damit unser Hund lernt, dass es auch interessant ist einer alten Fährte zu folgen, müssen wir mit ihm allmählich die Länge und Liegedauer des Trails aufbauen, ihn zum Erfolg führen und ihn immer am Ende belohnen. Hunde sind in der Lage, Geruchsspuren sehr lange wahrzunehmen und zuzuordnen. Das liegt vermutlich daran, dass wildlebende Caniden ca. alle vier bis fünf Wochen die Reviergrenzen ablaufen und die Markierungen erneuern. Dann weiß jeder Canide, der hier durchwandert, dass dieses Revier bereits besetzt ist. So können Konflikte vermieden werden. Ein Revier wird unterschiedlich markiert, es werden Duftnoten, also Urin- und Kotmarken, aber auch optische Markierungen wie Scharrspuren gesetzt. Man kann davon ausgehen, dass der Art- und Individualgeruch der Revierinhaber über einen längeren Zeitraum hängen bleibt.

Daraus hat man den Schluss gezogen, dass Hunde sehr alte Trails, die u.U. einige Tage liegen, ausarbeiten können. Bei genauer Betrachtung erscheint das nicht ohne weiteres plausibel, da der Individualgeruch durch die Art der Zusammensetzung nämlich winzige Hautpartikel evtl. schneller abgebaut wird als Urin- oder Kotgeruch. Erfolge, von denen einige Trailer erzählen, können zwar sehr wohl stimmen, aber man sollte solche Trails so durchführen, dass der Hundeführer dem Hund in keiner Weise mit unabsichtlichen Führerhilfen beistehen kann, indem er nicht weiß, wie der Trail verläuft. Die Frage ist auch, ob man so dermaßen komplizierte Dinge von seinem Hund verlangen soll, wenn man sowieso nie zu einem Ernsteinsatz gerufen wird. Wir sollten einfach unseren Hunden dafür danken, was sie beim Trailen leisten, denn wir selber haben nicht die leiseste Ahnung, was sie wirklich tun.

Wir Menschen sind so stark visuell orientiert, dass unsere Sprache von Hinweisen nur so wimmelt. Wir sprechen von einem Geruchs"bild", weil wir uns zu allem ein Bild machen, wir „veranschaulichen" etwas oder stellen es uns „bildlich" vor, jemand verhält sich „vorbildlich".... Aber was im Kopf eines Hundes vorgeht, was er sich vorstellt, wenn wir ihm den Geruchsartikel vorhalten, das wissen wir nicht. Schon allein diese Erkenntnis sollte uns mit Demut und Ehrfurcht erfüllen, denn unsere Hunde leisten hier großartige Dinge, die wir gar nicht genug anerkennen können. Im Prinzip eignen sich alle Hunde fürs Trailen, allerdings gibt es wie überall mehr oder weniger ausgeprägte Begabungen. Jagdhunde, besonders solche, die seit Generationen für die Nachsuche gezüchtet werden wie Beagle, Dackel, Spaniel, eignen sich besonders gut. Bluthunde, die in den USA speziell für die Suche von geflüchteten Sklaven oder Verbrechern gezüchtet und eingesetzt wurden, sind natürlich sehr begabt und auch bei vielen Mantrailern im Einsatz. Aber was der eine Hund an Begabung mitbringt, macht ein anderer durch großes Interesse und Feuereifer wett. Denn das Talent ist das eine. Wie schnell Ihr Hund versteht, um was es geht, wie gut er mitdenkt und wie begeistert er mitmacht – oder eben auch nicht, ist eine andere Sache.

Wichtig ist vor allem, dass Sie und Ihr Hund gesund und körperlich fit sind. Hunde, die Probleme mit dem Skelett haben, z.B. Hüftdysplasie, oder mit den Atemwegen, z.B. Trachealkollaps, sollten besser nicht trailen, da es zu anstrengend für sie sein kann. Falls Sie einen Winzling haben, ist das kein Hindernis, die Trails fallen dann eben kurz aus. Sie selber müssen ebenfalls fit sein. Sie sollten zwar darauf hinarbeiten, dass Ihr Hund in einem Tempo läuft, in dem Sie gut mithalten können, aber wenn Sie schlecht zu Fuß sind, so dass Sie eben nur normale Spaziergänge machen können aber sicher nicht mehr, dann sollten Sie darüber nachdenken, ob Trailen wirklich das richtige ist für Sie. Vielleicht – wenn Sie einen begabten und interessierten Hund haben – findet sich jemand, der das für Sie mit Ihrem Bello übernimmt.

Vielleicht sehen Sie hin und wieder im Fernsehen Berichte über Mantrailer, ihre Ausbildung und Arbeit. Auch in Krimis werden immer wieder mal Polizisten mit Suchhunden gezeigt. Die Berichte können durchaus interessant sein, wenn man manche Wundergeschichten mit leichter Skepsis betrachtet. Aber was Sie in irgendwelchen Spielfilmen sehen, ist meistens nicht sehr realistisch. Im folgenden werden Sie noch viel lesen, wie man die

Hunde möglichst unbeeinflusst mit Brustgeschirr und langer Leine suchen lässt. Was uns die Medien teilweise zeigen, ist mehr als hanebüchen.

Bei Rettungshundestaffeln und bei der Polizei werden in der Regel alte, verwirrte Menschen oder Kriminelle gesucht. Bei verwirrten Menschen, die aus dem Seniorenheim spaziert sind und nicht mehr zurück gefunden haben, ist es sehr oft so, dass sie gar nicht weit weg sind, vielleicht nur wenige hundert Meter weiter auf einer Parkbank sitzen, und heilfroh sind, wenn sie gefunden werden. Setzt man hier einen freundlichen, kleinen, womöglich hellen Hund mit positivem Image ein, macht man nebenbei dem alten Menschen noch eine Freude. Mit ein klein wenig Glück haben Sie irgendwann im Leben die Chance, dass Ihre Susi tatsächlich mal so eine Aufgabe bekommt. Sehr groß ist die Wahrscheinlichkeit allerdings nicht.

Bei der Suche nach Kriminellen werden nur spezielle Teams angefordert, die auch genau wissen, was sie tun müssen. Weder Hund noch Hundeführer kommen in die unmittelbare Nähe des Gesuchten, da man davon ausgehen kann, dass er sich nicht wirklich über diesen Besuch freut. Häufig geht es auch nur darum, mit dem Hund nachzuweisen, dass jemand sich an bestimmten Stellen aufgehalten hat. Beweiskräftig vor Gericht sind diese Sucharbeiten der Hunde meines Wissens nicht.

Und wie sieht es mit dem Erfolg aus? Zu Beginn verschaffen wir unseren Hunden tatsächlich 100% Erfolg. In der Realität würde das ganz anders aussehen. Wenn wir an die realen Jagderfolge von wildlebenden Caniden denken, dann sind sie nur bei 25% aller Jagdversuche erfolgreich. Nicht wirklich viel. Es sagt uns aber einiges darüber aus, wieviel Frustration Caniden ertragen können, ohne gleich in Depressionen zu verfallen – vorausgesetzt, der Erfolg kommt tatsächlich. Wie Sie im weiteren Verlauf sehen werden, haben unsere Hunde nicht immer den Erfolg, dass sie die Versteckperson tatsächlich finden. Irgendwann gehen wir an eine Stelle, wo sie gar nicht war, oder die Geruchsspur hört einfach auf, weil sie in ein Auto gestiegen und weggefahren ist. Theoretisch könnte man jetzt sagen, dass damit der Hund keinen Erfolg hat. Das stimmt so nicht. Denn allein die Tatsache, dass Ihr Bello Sie bis zu einem bestimmten Punkt erfolgreich geführt hat, ist bereits ein Erfolg. In diesem Sinne haben unsere Hunde bei Trainingseinsätzen auf alle Fälle 100% Erfolg.

Unterschied zum üblichen Training

Meine Art Mantrailing aufzubauen unterscheidet sich in weiten Bereichen von dem, was vielerorts üblich ist. Der Hund soll von Anfang an lernen, sich ruhig auf seine Arbeit zu konzentrieren, das kann er aber nicht, wenn er zu stark angereizt wird. Temperamentvolle Hunde neigen dazu, nichts mehr zu registrieren und wissen nicht wirklich, was sie tun sollen. Deshalb beende ich die Phase des Anreizens sehr schnell, spätestens bei der 3. Schleppe / dem 3. Trail ist Schluss damit.

Auch wird der Weg des Fährtenlegers nicht übermäßig markiert. Das erschwert Ihrem Hund nur die Aufgabe, weil es nicht „normal" ist, dass hunderte von Fähnchen im Boden stecken. Zudem lassen sich Menschen von Markierungen sehr leicht ablenken. Wenn Sie sich daran gewöhnen, gemeinsam mit dem Hund den Trail zu suchen, kann es sehr leicht zu Missverständnissen kommen, da Menschen die visuellen Markierungen suchen, die allerdings alt und ungültig sein können, der Hund dagegen die frischen Geruchsspuren. Und weil Menschen immer darauf bestehen, dass sie recht haben, signalisieren Sie Ihrem Hund sehr schnell, dass er gerade falsch liegt und der Hund hört auf zu arbeiten. Das machen Sie mit Ihrem Bello zwei bis drei Mal und schon wird er jede Art von Sucharbeit bleiben lassen – denn ganz offensichtlich wissen Sie es ja besser.

Ein weiterer Punkt ist die Anzeige an der Versteckperson. Wir dürfen getrost bezweifeln, dass jeder Gesuchte sich ein Bein abfreut, wenn er gefunden wird oder ein Hund auf ihn zurennt. Es könnte sein, dass Ihr Hund mal jemanden suchen muss, der einen Grund hat, sich zu verstecken und sich gegen Ihren Hund sofort zur Wehr setzt. Ebenso sind alte, verwirrte Menschen eher ängstlich, wenn ein womöglich großer, schwarzer Hund auf sie zukommt. Sie wollen aber auf keinen Fall, dass der Gesuchte wieder abhaut oder eine Panikattacke bekommt. Deshalb lernen die Hunde bei mir zwar schnell und zügig auf den Gesuchten zuzugehen und sich dann zum Hundeführer umzudrehen, damit sie von ihm die Belohnung bekommen. Wer sich schon mal mit der Ausbildung von Rettungshunden befasst hat, hat evtl. gehört, dass es immer wieder Probleme gibt, wenn diese über extreme Motivation, bzw. extremes Hochpuschen gelernt haben, vom Gesuchten ihr Spielzeug oder ihr Futter einzufordern. Diese Art des Trainings hat schon oft zu Verletzungen an der Versteckperson geführt. Das möchte ich auf alle Fälle vermeiden.

Große schwarze Hunde machen Angst!
Auch wenn sie einen gefunden haben.

Eine weitere Art Anzuzeigen ist das Anspringen. Ganz besonders originell finde ich, wenn man Bilder von großen Hunden wie Bluthunden mit einem Körpergewicht von 50-60 Kilo sieht, die diese Anzeige anbieten. Damit sie das sicher tun, bekommen sie ihre Belohnung oben in Schulter-, bzw. Kopfhöhe. Wer einem Hund so etwas beibringt, denkt nicht wirklich nach. Nehmen wir an, Sie haben einen menschenliebenden Retriever und eine Ihrer Lebensaufgaben besteht darin, ihn davon abzuhalten, alle Leute zu begrüßen, anzuspringen und abzuküssen. Und jetzt fangen Sie an und belohnen ihn auch noch dafür! Wie wollen Sie ihm im Alltag klar machen, dass das nur die Ausnahme beim Trailen ist? Ich vermute, Sie bekommen ein richtiges Problem.

Ebenso arbeite ich nicht mit Verbellen. Sie sind hinten an der Leine Ihrer Pelznase dran, wozu muss Bello lautstark verkünden, dass er jemanden gefunden hat? Sie müssen im Laufe des Trainings lernen, Ihren Hund richtig zu interpretieren, und wenn Sie ihn aufmerksam beobachten, teilt er Ihnen klar und deutlich mit: „hier ist der Gesuchte“. Dazu muss er aber keinen Krach machen. Sehr leicht haben wir hier wieder eine vergleichbare Problematik wie beim Anspringen. Zuhause in der 3-Zimmer-Wohnung im Mehrfamilienhaus soll er die Klappe halten, selbst wenn er etwas bemerkenswert findet. Beim Anzeigen soll er bellen. Da Bellen selbstbelohnend ist, geht es ganz fix, dass er auch in anderen Situationen anfängt zu bellen, könnte ja sein, dass er dafür belohnt wird.

Lassen Sie also die Finger von allen diesen übertriebenen und problembehafteten Anzeigen. Falls Ihnen die oben genannte Variante zu undeutlich ist, bringen Sie ihm bei, sich beim Gesuchten hinzulegen oder zu setzen. Das ist ruhig und friedlich und regt niemanden auf.

Grundsätzliches

Ein Hund sucht seine Beute über:

1. Einsatz der Augen
2. Einsatz der Ohren
3. wenn das zu nichts führt, wird die Nase aktiv eingesetzt.

Sinnesleistungen:
Hunde sind eher weitsichtig und haben ein deutlich größeres Sichtfeld als Menschen, d.h. dass sie auch am Rand schärfer als wir sehen. Sie sind sehr gut im Erkennen von Konturen (sehe ich Herrchen oder einen Fremden?) und Bewegungsmustern. Ebenso können sie über große Entfernungen bewegte Gegenstände oder Lebewesen unterscheiden (Auto, Fahrradfahrer oder Reh). Allerdings haben sie eine leichte Rot-Grün-Blindheit und benötigen sehr viel stärkere Kontraste. Sie können z.B. einen Menschen mit dunkler Kleidung, der unbeweglich dasteht, nicht vor dem dunklen Wald erkennen. Das ist einer der Gründe, warum Hunde oft erschrecken und nicht hingehen wollen, wenn sie zum ersten Mal einen Menschen am Ende des Trails finden.

Maxl hört das Gras wachsen

Je nach Rasse und Alter hören Hunde 4 bis 22 mal besser als Menschen. Das erklärt, warum sie manchmal „in den Boden hinein" lauschen, denn sie hören tatsächlich die Mäuse darunter. Augen und Ohren benötigen die wenigste Energie, deshalb sucht ein Hund immer zuerst damit. Wenn das nicht zum Erfolg führt, wird die Nase eingesetzt. Selbstverständlich sind alle Sinnesorgane immer aktiv und gerade Hunde, die sehr gut hören, z.B. Collies oder Hunde mit sehr großen Stehohren, werden sich auch immer auf ihre Ohren verlassen. Das kann bei manchen Hunden bedeuten, dass sie sich durch Geräusche leicht ablenken lassen.

Einsatz der Nase:
Die „hohe" Nase erfordert den geringsten Energieaufwand und wird zuerst eingesetzt, wenn das nichts bringt, wird die Nase auf den Boden gesenkt => die „tiefe" Nase ist anstrengender aber sicherer. Alle Lebewesen dieser Welt setzen immer zuerst das mögliche „Energiesparmodell" ein, alles andere wäre sinnlose Vergeudung von wertvollen Kalorien, die im Falle des Hundes oder seiner wilden Verwandten durch eine energieintensive Jagd ersetzt werden müssen.

Es kann Ihnen letztendlich egal sein, wie er die gesuchte Person findet, Hauptsache er findet sie. Ich habe noch nie von einer verletzten Person gehört, die sich darüber beschwert hätte, der Hund hätte sie „gesehen und nicht gerochen". Überlassen Sie es bitte Ihrem Hund, ob er die Nase hoch oder niedrig einsetzt, ob er den Gesuchten zum Schluss sieht oder hört. Wichtig ist das Ergebnis. Ein erfahrener Mantrailerhund weiß, wann er was wie einsetzen muss.

Woraus besteht die Fährte / der Trail?

1. Bodenverletzung
2. Geruch der Art (Mensch, Hirsch, Hund...)
3. Individualgeruch

Die folgenden Angaben sind die üblichen, die zur Intensität von Gerüchen gemacht werden. Ob Hunde sich tatsächlich für den Geruch von Kleinstlebewesen interessieren, wissen wir nicht. Es könnte sein, dass ihnen auch dieser Geruch Auskunft über die Frische der Spur gibt.

Bodenverletzung: = zerquetschte Zellen von Kleinstlebewesen (Mikroorganismen) und der Vegetation.
Geruch der Art: Was ist hier gelaufen? Mensch – Hund – Reh ....
Individualgeruch: Der Individualgeruch ist immer vorhanden. Je nachdem, wie sich der Gesuchte verhält, ob er z.B. stehenbleibt, langsam oder zügig geht, ob er leicht oder warm gekleidet ist, variiert die Intensität. Er kann

je nach Wetter und Untergrund mehrere Tage und evtl. auch Wochen bleiben.

Geruchswolke:
Jedes Lebewesen ist ein eigener Kosmos, auf dem Kleinstlebewesen leben, die sich von abgestorbenen Hautzellen ernähren. Die Stoffwechselprodukte dieser Winzlinge erzeugen den Schweißgeruch. In dieser Geruchswolke aus tausenden toten Zellen und Partikeln, die ständig von uns abfallen, bewegen wir uns. Unser Eigengeruch ist so individuell wie unser Fingerabdruck, er ist unter anderem abhängig von unserer Ernährung und unseren Hygienegewohnheiten. Für Hunde ist es völlig normal, andere Individuen mittels ihres Geruchs zu identifizieren. Auch wir können Menschen am Geruch unterscheiden, sind darin allerdings wesentlich schlechter als Hunde.

Wie können Sie sich die geruchliche „Sortierung" Ihres Hunde vorstellen?
In vielen Büchern sehen Sie Bilder, auf denen die Geruchspartikel wie bunte Flecken durch die Gegend wabern, also rot für die Bratwurstsemmel, grün für den Radfahrer, lila für das Auto, usw., damit Sie einen Anhaltspunkt bekommen, wie sich Geruch mit visuellen Eindrücken erklären lässt. Zunächst ist das sehr plausibel: wenn der Hund der Bratwurst nachläuft, verfolgt er die rote Spur. Auf den Bildern sieht das aber total verwirrend aus, was es ja auch wäre, wenn Hunde so riechen würden. Sie müssten sich dann ständig durch ein Knäuel von Klecksen arbeiten. Wenn Sie allerdings Ihren Hund beim Suchen beobachten, haben Sie nicht den Eindruck, dass er ununterbrochen sortiert, ganz im Gegenteil. Ihr Hund läuft sicher und zielgerichtet der für ihn interessanten Fährte hinterher. Besitzer von intakten Rüden wissen was ich meine.

Versuchen Sie es doch mal mit folgender Erklärung: Sie stehen auf einem Volksfestplatz und um Sie herum tobt der Bär. Hier gibt es Bratwürste, dort Steckerlfisch, da hinten gebrannte Mandeln, in der linken Ecke steht eine Frittenbude und gegenüber ein Stand mit frischen Quarkbällchen. Jetzt verbinde ich Ihnen die Augen und Sie müssen mit Ihrer Nase herausfinden, wo die Frittenbude ist oder der Quarkbällchenstand, wenn Ihnen das lieber ist. Glauben Sie, dass Sie das können? Sie können ganz sicher sein, dass Sie das schaffen. Der Unterschied zwischen Ihnen und Ihrem Hund ist nur: Ihr Hund könnte theoretisch auch noch einzelne Menschen geruchlich identifizieren. Sie schaffen das nur, wenn jeder ein extrem auffälliges Parfum benutzt und mit Sicherheit jeder ein anderes, und unsere Nase ermüdet sehr viel schneller als eine Hundenase. Zum Vergleich: ein Mensch, der nicht gut sieht, findet es wesentlich anstrengender etwas genau zu beobachten oder einen kleingedruckten, langen Text zu lesen, als ein Mensch, dessen Augen in Ordnung sind.

Auch wir haben die Möglichkeit, uns geruchlich zu orientieren, aber wir brauchen das nicht so dringend, weil wir uns visuell orientieren, bei uns läuft das nebenbei. Und da haben Sie auch schon die Antwort auf eine wichtige Frage: Wie lange muss ein Hund am Geruchsartikel riechen, um zu wissen, wie der Verlorene riecht? Die Antwort ist sehr einfach: wie lange müssen Sie mit verbundenen Augen auf dem Volksfestplatz stehen, um zu wissen, dass rechts der Dönerstand und links der mit den gebrannten Mandeln ist? Sehen Sie, das geht ganz fix. Wenn Sie jetzt allerdings versuchen, sich selber zum Mantrailer auszubilden, dann stoßen Sie schnell an Ihre Grenzen. Überlassen Sie das lieber Ihrer Pelznase. ☺

Da wir uns sehr viel leichter tun, wenn wir etwas visualisieren können, versuchen Sie es mit folgendem Bild. Stellen Sie sich vor, Ihre Versteckperson verteilt beim Laufen einfarbiges Konfetti , z.B. blau gefärbtes. Je nachdem wie bewegt die Luft ist, fällt das Konfetti einfach zu Boden oder es wird mehr oder weniger verweht. Bei Windstille kommt Ihre Versteckperson an eine Kreuzung. Bis dorthin liegt eine klare Spur. An einer Kreuzung ist immer Bewegung in der Luft, wenn z.B. Autos durchfahren, wird das Konfetti verwirbelt und verteilt, eine klare Spur sehen wir erst wieder dort, wo sie weitergegangen ist. Wenn andere Menschen oder Tiere dort gelaufen sind, ist unser blaues Konfetti mit andersfarbigem vermischt, allerdings sind die Unterschiede gut sichtbar. Es ist also klar, dass wir dort, wo stärkere Luftbewegung herrscht, sehr viel genauer suchen und langsamer gehen müssen als dort, wo es windstill ist oder nur eine ganz leichte Brise geht. Wo viele Menschen unterwegs waren, müssen wir auch genauer hinsehen und an der Kreuzung müssen wir jede Abzweigung untersuchen, wo unser blaues Konfetti kontinuierlich weiterläuft. Falls es regnet, wäscht die Farbe vom Konfetti schneller aus und das Papier löst sich auf, ebenso leiden Farbe und Papier bei großer Wärme und Sonneneinstrahlung.

Wenn Sie jetzt überlegen, dass manche Trails noch mehrere Tage später ausgearbeitet werden, können Sie sich vielleicht vorstellen, warum manche Trailer das positive Ergebnis mittlerweile anzweifeln. Das Konfetti verblasst und wird verweht, wird von Mikroorganismen aufgefressen, zu

Deutsch: es ist immer weniger da. Im Unterschied zu der quantitativ sehr großen Menge an Kot und Urin beim Markieren, sind die Hautpartikel verschwindend klein und sehr flüchtig. Es wäre interessant zu erfahren, ob es tatsächlich so begabte Hunde gibt, die selbst dann noch Partikelchen wahrnehmen und verwerten können, wenn sie nur in winzigen Bruchstücken und sehr vereinzelt, z.B. nur alle fünf Meter eins, auf dem Trail liegen. Es besteht durchaus die Möglichkeit, dass der Hundeführer, der die Strecke kennt, dem Hund unabsichtlich Hilfestellung leistet und der Hund sich einfach auf ihn verlässt. Eine zuverlässige Aussage kann man hier nur treffen, wenn sicher gestellt wird, dass weder der Hundeführer noch die Begleitperson(en) den Trail kennen und damit dem Hund nicht unbewusst Hilfe geben können.

Und damit haben Sie ein gutes Bild, das Ihnen verdeutlicht, was Bello da macht. Ich finde es auch sehr anschaulich, wenn man manchmal nicht versteht, warum er schneller oder langsamer läuft, warum er etwas gründlicher untersuchen muss oder nur oberflächlich hinriecht, warum er manchmal mit der Nase auf den Boden geht und manchmal die hohe Nase einsetzt. Sowie man sich die Geruchsspur als Konfettispur vorstellt, wird das nachvollziehbar. Und weil ich mich nicht mit fremden Federn schmücken möchte: dieses anschauliche Bild stammt von Robert Boulanger, dessen Buch „Mantrailing" sehr empfehlenswert ist.

Wind und Wetter, Thermik:
Selbstverständlich gibt es ideale Bedingungen, so dass Sie und Ihr Hund vom Wetter nicht „gestört" werden. Tatsache ist: das ist äußerst selten der Fall. Bei einem meiner Kurse war eine Teilnehmerin einmal vollkommen entsetzt, weil ich froh war, dass es früh geregnet hatte und es außerdem eher kühl blieb. Anfangs wundern sich alle über meine merkwürdigen Ideen zum Wetter, aber mit der Zeit übernehmen sie diese.

Wenn Sie wie ich in einer sehr windigen Umgebung arbeiten, wo noch dazu oft starke Verwirbelungen auftreten, erübrigen sich alle Bemühungen, die Trails unbeeinflusst von Verwehungen zu legen. Wir fangen im möglichst windstillen Wald an, nehmen zur Kenntnis, dass die Thermik uns im hügeligen Waldgelände mal einen Streich spielen kann, klären den Trailverlauf vorher genau ab und schalten unterwegs unser Hirn ein. Das bedeutet, dass wir unserem Hund helfen und wie das geht erfahren Sie im weiteren Text.

Alles andere, also offenes oder bebautes Gelände, Wiesenhügel, Seeufer, Stadt, Parkplätze und was es eben noch so alles gibt, wird nach und nach eingebaut. Da wir in einer sehr trockenen Gegend wohnen, lernen die Hunde von Anfang an damit umzugehen. Sollte es bei Ihnen eher feucht sein, wird Ihre Pelznase eben eine Spezialist für nasse Untergründe. Wir halten uns mit der Analyse des Wetters nur insofern auf, dass wir es registrieren, im unerfreulichsten Fall das Training verschieben und ansonsten damit leben, sonst kämen wir nie zum Trailen.

Es gibt sehr gute Veröffentlichungen über Wetterbedingungen beim Trailen. Robert Boulanger geht in seinem Buch „Mantrailing" sehr gründlich darauf ein. Um einen Hund richtig interpretieren zu können, sollte man durchaus darüber Bescheid wissen, also empfehle ich dieses Buch allen Mantrailern. Aber man sollte sich mit dem Wetter nicht verrückt machen.

Bei starkem Regen oder Schneefall, anhaltender Trockenheit, Temperaturen deutlich unter 0°C und sehr starkem Wind machen wir kein Training. Das sind Bedingungen, bei denen jeder Hund Probleme bekommt. Und da wir alle in der Regel nur aus Spaß an der Freude trailen, verzichten wir dann eben darauf.

Teamwork

Was stellen Sie sich vor, wenn Sie an ein gut funktionierendes Team denken? Vermutlich denken Sie an eine Gruppe von zwei oder mehr Beteiligten, bei denen jeder weiß, was er wann und wie zu tun hat. Im Grunde kennt jeder auch die Aufgabe aller anderen, manchmal kann einer etwas übernehmen, wenn der andere nicht weiter weiß oder überfordert ist. Jedenfalls hat man das Gefühl, dass alles ohne große Worte und Gesten klappt und reibungslos abläuft.

Beim Trailen gibt es einige Dinge, die können Sie nicht für Ihren Hund und er nicht für Sie tun. Sie riechen im Vergleich zu ihm so gut wie nichts, er wird sich beispielsweise hart tun, Verkehrsregeln zu beachten. Das bedeutet, dass Mensch und Hund sich beim Trailen vor allem ergänzen und das sollte so unkompliziert wie nur möglich funktionieren. Ein gutes Team sieht beim Trailen aus, als ob Mensch und Hund miteinander tanzen. Wie bei einem guten Tanzpaar kann nicht der eine die Figuren des anderen ausführen, aber alle Bewegungen sind perfekt aufeinander abgestimmt, jeder Schritt passt und keiner behindert den anderen, im Gegenteil, sie ergänzen sich gegenseitig. Es ist eine Freude zuzusehen. So sollte es beim Trailen auch sein.

Um es vorweg zu nehmen: Ihr Hund kann das bereits, wenn Sie immer freundlich und rücksichtsvoll mit ihm umgegangen sind. Menschen sind da deutlich weniger begabt. Deshalb ist eine Ihrer wichtigsten Aufgaben, Aufmerksamkeit und Achtsamkeit zu üben.

Das bedeutet:

1. Sie müssen lernen, was Ihr Hund Ihnen sagen will
2. Sie dürfen ihn bei seiner Arbeit nie behindern oder ihm im Weg stehen
3. Irreführende Signale z.B. unnötige Sichtzeichen und Aktionen wie ihn weiter treiben mit Worten und Gesten, ihn blockieren oder behindern, müssen ab sofort unterbleiben.
4. Jeder Gedanke, Ihr Hund könnte Sie „verarschen" ist absolut verboten. Sowie er etwas „falsch" macht, müssen Sie überlegen, wie Sie ihn dazu gebracht haben.
5. Ohne Training außerhalb des Kurses kommen Sie nicht weiter, außer Sie akzeptieren, dass Sie wenig oder sogar überhaupt keine Fortschritte machen.

6. Ohne Training außerhalb des Kurses lernen Sie nicht wirklich, ihn richtig zu lesen. Wenn Sie also allein keine Trails legen möchten oder können, dann versuchen Sie das wenigstens im Alltag zu lernen.
7. Sie müssen sofort erkennen, wenn Ihr Hund Hilfe braucht, was er jetzt nötig hat und wie Sie ihm helfen können.

Schon viele Hunde, die zu Beginn begeistert und feurig dabei waren, sind irgendwann nur noch frustriert mitgelaufen, weil ihre Menschen sie nicht verstanden haben. Wenn Bello Sie zum dritten Mal gebeten hat, ihm nochmal den Geruchsartikel zu zeigen, weil er sich nicht mehr sicher ist, und Sie tun das nicht, wird er das zukünftig unterlassen. Die Ergebnisse werden entsprechend sein, denn ein verunsicherter Hund macht einfach mehr Fehler.

Bei vielen Teams hat man nicht den Eindruck, dass hier eine wirkliche Zusammenarbeit stattfindet. Der Mensch hält eben die Leine und läuft hinter seinem Hund her, der alles alleine bewältigen muss. Das kann nicht Zweck dieses sehr aufwendigen Trainings sein. Im Team mit seinem Hund zu arbeiten, bedeutet, dass Sie wissen, was er da macht. Also nicht einfach: er sucht Person A mit der Nase, sondern: was steht konkret gerade an, hat er ein Problem, ist er auf der richtigen Spur und – ganz wichtig – braucht er meine Hilfe? Wann ja, welche?

Die Aufgabe des Hundes ist es, Sie zur gesuchten Person oder in ihre Nähe zu führen. Ihre Aufgabe ist es, mitzudenken. Also tragen Sie bitte Ihr Hirn nicht spazieren, sondern nehmen Sie es eingeschalten mit. Hier ein einfaches Beispiel, wie nützlich das sein kann. Stellen Sie sich vor, Sie haben einen langhaarigen, zottigen Hund, dessen Fell akuten Pflegebedarf anmeldet, wenn er sich im Unterholz aufhält. Ihre Versteckperson hat sich jetzt einen Platz hinter Brennessel- und Brombeergebüsch ausgesucht und wenn Bello da rein läuft, sind Sie anschließend zwei Stunden mit Bürsten beschäftigt. Ihr Hund will da auch gar nicht rein, weil er das dornige Zeug im Fell nicht mag. Was hindert Sie daran, die Versteckperson anzusprechen und auffordern, heraus zu kommen? Oder allein hinein zu gehen und zu suchen, ob sie da ist? Er hat seinen Teil der Arbeit geleistet, jetzt sind Sie dran.

Hier noch ein Beispiel: er hat sie zuverlässig an einen Ort geführt, wo die Person war. Das wissen Sie zu 100%, da Sie seine Körpersprache gut interpretieren können. Leider ist der Geruch plötzlich weg, z.B. weil Sie im Schlagschatten sind oder vom kalten Wald auf die sonnendurchglühte Wiese kommen. Es ist äußerst unwahrscheinlich, dass sich Ihre Versteckperson in Luft aufgelöst hat. Sie können jetzt entweder dorthin gehen, wo sie sehr wahrscheinlich weitergegangen ist und versuchen, ob er die Spur wieder aufnimmt, oder Sie belohnen ihn dafür, was er bislang geleistet hat und suchen die Person selber, die sich vielleicht einfach zu gut versteckt hat. Eine Dackelhündin in einer meiner Gruppen hat einmal die Tasche der Versteckperson freudestrahlend angezeigt, weil die Person selber sich einfach zu gut versteckt hatte und die Tasche sehr intensiv nach ihr roch. Da sie nur einige Meter weiter hinter einem Gebüsch stand, ging sie auch nicht verloren und alles war gut.

Also bitte denken Sie daran: wenn Sie wirklich im Team mit Ihrem Hund arbeiten möchten, dann leisten auch Sie Ihren Beitrag. Bello wird es Ihnen danken, weil er Ihnen dann sehr viel schneller und deutlicher sagen kann, wenn er ein Problem hat.

Wie wird man ein Team?

Das kann seine Zeit dauern, aber es lohnt sich. Im folgenden gebe ich Ihnen ein paar Beispiele aus der Praxis, die die Hauptfehlerquellen darstellen. Überlegen Sie bitte noch einmal in Ruhe, was Ihr Hund tun soll: er soll alle Menschen bis auf einen aussortieren und diesen einen soll er Ihnen ganz klar zeigen: der ist es. Wie können wir ihm dabei helfen?

Hund kontrolliert:

Bello ist zügig losgelaufen, Sie haben gewartet, bis die Richtung klar ist und Sie haben auch verstanden, dass er auf der richtigen Spur ist. Jetzt steht jemand am Straßenrand, eine Verleitperson, von der Sie wissen, dass diese Person zur Kontrolle hingestellt wurde.

So können Sie vorgehen: Sie werden vor der Person langsamer und bremsen ihn ganz leicht mit der Leine ab, bitte ohne Ruck. Er soll die Möglichkeit bekommen, die Person näher anzusehen. Wenn er jetzt hingehen möchte und dort stehenbleibt, weil er eine gründliche Kontrolle vornehmen muss, dann bleiben Sie ebenfalls stehen und zwar hinter ihm. Sollten Sie weitergehen, teilen Sie ihm klar mit, dass Sie nichts verstanden haben, evtl. versteht er sogar, dass Sie sich nicht für ihn interessieren oder – noch blöder – die Person ist uninteressant. In diesem Fall stimmt das sogar, aber die

Tatsache, dass Sie das wissen, bedeutet eben nicht, dass er das auch weiß. Er muss erst das Geruchsbild dieser Person einscannen, mit dem Geruchsbild der gesuchten Person vergleichen, dann kann er weitersuchen.

Für Sie ist wichtig, dass Sie seinen Gesichtsausdruck und seine Körpersprache beim Kontrollieren kennen, damit Sie den Unterschied sehen, wenn er bei der gesuchten Person gelandet ist. Wenn Sie einfach weiter rennen, bekommen Sie das nicht mit. In dem Moment, wenn er weiterläuft und Sie wieder festgestellt haben, dass er eindeutig weitersucht, gehen Sie ebenfalls weiter und loben ihn mit ruhigen Worten.

Hund bleibt stehen und / oder kommt zurück:
Auch ohne für uns erkennbaren Anlass bleiben Hunde manchmal stehen und laufen auch mal ein Stück zurück. In diesem Moment müssen Sie ebenfalls stehenbleiben, denn

1. Sie müssen ihm Gelegenheit geben, etwas zu kontrollieren, was er offenbar wichtig findet
2. dürfen ihn nicht weiter treiben und
3. dürfen ihn nicht blockieren.

Deshalb stellen Sie sich so hin, dass er seitlich auf Sie zukommt, in Hundesprache geben Sie ihm den Weg frei. Wenn Sie frontal zu ihm stehen, blockieren Sie ihn und er weicht evtl. aus. Das kann aber bedeuten, dass er von seinem Ziel, diesen Geruch zu kontrollieren, abkommt und evtl. einen Fehler macht. Es könnte bedeuten, dass er an der Stelle vorbeiläuft, an der die gesuchte Person abgebogen ist. Der Geruch wird schwächer, also muss er umdrehen und dorthin zurückgehen, wo der Geruch noch stark war. Sowie Sie seine Bewegung mitmachen und sich seitlich zu ihm stellen, geben Sie ihm auch den Weg frei und er kann ungehindert den Geruch suchen. Diese Bewegung des Hundes nennt man „U-Turn", weil es aussieht wie ein „U".

Das Gleiche gilt an Kreuzungen. Sie haben die Versteckperson angewiesen, die Kreuzung richtig auszugehen, d.h. sie soll in jede Richtung ein Stück gehen. Also ist überall Geruch vorhanden, nur nicht besonders weit. An einer Stelle, wo der Wind richtig hin weht, kann der Geruch aber stärker sein. Damit Sie ihn nicht behindern, positionieren Sie sich etwa in der Mitte der Kreuzung so, dass Sie immer seitlich zu ihm stehen und machen seine Bewegung mit, d.h. wenn er zurückkommt, gehen Sie ein bisschen zurück, damit er ungehindert vorbei kann und bewegen sich mit ihm, so dass er die nächste Abzweigung auch gut kontrollieren kann. Wir sprechen hier natürlich nicht von verkehrsreichen Großstadtkreuzungen, sondern solchen, die Sie im Park oder im Wald finden. Straßenkreuzungen werden anders abgearbeitet. Wenn Sie sich diese Bewegung vorstellen und dabei an ein Tanzpaar denken, dann verstehen Sie vielleicht, warum ein gutes Team aussieht, als würden sie tanzen.

Hinter dem Hund bleiben und alle Bewegungen des Hundes mitmachen:

Wenn Sie in einer Hundeschule sind, in der die Trainer wissen, was sie tun, dann haben Sie gelernt, dass Sie immer vom Hund weggehen müssen, wenn Sie ihn rufen, sonst drücken Sie ihn weg. Etwas ähnliches gilt beim Trailen:

- wenn er stehenbleibt und Sie gehen weiter: drücken Sie ihn weg
- wenn er losläuft und Sie gehen sofort hinterher: drücken Sie ihn weiter
- wenn er vom Backtrail zurückkommt und Sie gehen entweder auf ihn zu oder bleiben frontal vor ihm stehen: drücken Sie ihn weg.

Die Devise heißt also: wir machen alle Bewegungen des Hundes so mit, dass wir ihn nicht behindern, und wir bleiben immer hinter ihm. Wer vorne ist, der ist gerade „dran". Solange Bello aber mit seiner Nase in Aktion ist, ist er „dran" und deshalb vor Ihnen.

Hund sieht etwas, was ihn irritiert:

Leider ist es eine weitverbreitete Ansicht, dass Hunde nichts genauer in Augenschein nehmen dürfen. Falls Sie ein Anhänger dieser Theorie sein sollten, wird es jetzt vermutlich etwas schwierig. Um sicher sein zu können, dass ein entgegenkommender Mensch harmlos ist, muss ein Hund ihn beobachten können. Dazu reicht tatsächlich, dass er ihn ansieht, er muss ihn nicht beschnüffeln, denn Hunde sind sehr gut im Lesen von Körpersprache und können mit unserer Hilfe wunderbar lernen, wer sich bedrohlich nähert und wer nicht. Im doch recht friedlichen Mitteleuropa würde ich behaupten, dass das auf ca. 99.9999% aller Begegnungen zutrifft.

Hunde, die das nie dürfen, lassen sich beim Trailen gerade in einsameren Gegenden sehr leicht von Menschen ablenken, die irgendwo laufen oder stehen. Wenn Sie jetzt z.B. jemanden in einiger Entfernung platziert haben, der Ihr Training filmen soll, dann kann es schon sein, dass ein Hund erstmal stehen bleiben und diesen Menschen beobachten muss. Das ist eine gute Gelegenheit Versäumtes gut zu machen. Warten Sie, bis er fertig ist, sagen ihm in ganz ruhigem Ton, dass alles gut ist und Sie kein Problem mit diesem Menschen haben. Nach einiger Zeit wird er weitergehen und die Dauer solcher Kontrollbeobachtungen sollte bei konsequentem Training auch kürzer werden.

Das gleiche kann natürlich auch passieren, wenn ungewohnte Fahrzeuge wie Pferdekutschen, Holzlaster oder anderes wie Wild oder Viehherden den Weg kreuzen. Lassen Sie sich Zeit und bleiben Sie ruhig. Nur so können Sie ihm zeigen, dass Sie zum einen sein Problem verstehen und zum anderen selber keins damit haben.

Ein gutes Team ist unschlagbar und das Beste daran ist: es wirkt sich auch auf Ihren gemeinsamen Alltag nur positiv aus.

Und so fangen wir an!

Wir benötigen:

- Fleisch, Fleischwurst oder etwas anderes Feines, das sich zum Schleppen und als Belohnung eignet, das können z.B. auch Pfannkuchen sein
- Paketschnur, ca. 2 Meter lang
- Netz z.B. von Zwiebeln oder Knoblauch
- Messer
- Plastiktüte oder Futterdummy
- Klopapier / Krepppapier / Tücher ca. 10 x 50 cm
- Brustgeschirr
  (T- oder Kreuzgeschirre, kein Norwegergeschirr)
- Fährtenleine, 5 Meter für den Ortsbereich,
  10 Meter fürs Gelände
- Tagebuch / Faserschreiber
- Wasser / Wassernapf / Hundedecke
- große Zipptüte mit Reißverschluss mind. 3 Liter
- 1 kleiner (!) Gegenstand, der intensiv nach der Versteckperson riecht, ein Papiertaschentuch, das Sie aus einer verschlossenen Packung herausnehmen oder ein Stück Gaze aus einer geschlossenen Packung, das die Versteckperson nahe am Körper z.B. unter der Achsel getragen hat
  => kommt in die Zipptüte
- Fahrradhandschuhe
- Rucksack
- Walkie-Talkie
- Diktiergerät
- Kopfkamera / Video/Fotokamera

Was Sie am Anfang beachten müssen

Es gibt zwei Arten des Aufbaus, die ich bevorzuge: mit Bezugsperson oder mit Schleppe. Beide haben etwas für sich. Der Aufbau über Bezugsperson geht in der Regel schnell, d.h. der Hund versteht in sehr kurzer Zeit, was er tun soll. Außerdem arbeiten die Hunde sofort selbständig und werden angeregt, ihre eigene Methodik zum Suchen zu entwickeln. Sie können von Anfang an einige Regeln berücksichtigen, die Sie dann anschließend nicht mehr extra aufbauen und bearbeiten müssen. Dieser Aufbau eignet sich nicht für Hunde, die unter Trennungsangst leiden, da sie zusehen müssen, wie sich ihre geliebte Bezugsperson entfernt und das kann einfach zu schwierig werden. Wer eine gleichwertige Person für diesen Aufbau findet, deren Verschwinden den Hund nicht in Angst und Schrecken versetzt, kann es trotzdem versuchen, ansonsten findet mit diesen Hunden der Aufbau über die Schleppe statt.

Strolchi hat Trennungsangst

Der Aufbau über Schleppe hat den Vorteil, dass alle Hunde, auch vorsichtige und misstrauische interessiert sind, wohin das leckere Fleisch verschwindet und deshalb in der Regel problemlos folgen. Zudem lernen sie von Anfang an, dass die tiefe Nase erfolgreich ist. Falls Sie das Trailen nur so betreiben wollen, dass Ihr Bello einfach ab und zu etwas findet, was Ihr Besuch, Ihre Kinder oder wer auch immer für ihn unterwegs „verloren" haben, dann reicht dieser Aufbau vollkommen, da Sie dann die Versteckperson am Ende nicht benötigen. Der Nachteil ist, dass Sie verschiedene Punkte nachträglich bearbeiten müssen, z.B. die Versteckperson am Ende des Trails, wenn Sie irgendwann doch die Versteckperson einbauen wollen, und Sie haben das Problem, dass der Trail nicht wirklich endet. Die Versteckperson muss ja „verschwinden" und dazu geht sie weg. Also läuft die Spur für den Hund weiter. Nicht sehr logisch.

Wenn alle Bedingungen stimmen, bevorzuge ich immer den Aufbau über die Bezugsperson, da ich damit die besten Ergebnisse habe.

Als erstes müssen Sie wissen, was Ihr Bello am liebsten mag. Trockene und bröselige Dinge eignen sich nicht so gut, aber Fleisch, Fleischwurst oder auch Pfannkuchen, wenn er dafür einen Handstandüberschlag macht, eignen sich auf alle Fälle. Den Futterdummy füllen Sie mit Belohnungsstücken. Sie brauchen so viel, dass es für 3 Trails reicht. Er bekommt nach jedem Trail daraus seine Belohnung.

Ein Mantrailerhund sollte sich auf alle Fälle im Auto wohlfühlen, denn er muss dort warten, bis er dran ist. Ich lehne es vollkommen ab, alle Hunde mitzunehmen und sie vor Ort auf ihren Einsatz warten zu lassen. Sehr eifrige Hunde drehen da in der Regel hoch und sind sehr gestresst, da sie nicht einsehen, warum zuerst andere dürfen und sie warten sollen. In meinen Gruppen rechne ich immer grob pro Hund eine Stunde Training, d.h. dass alle anderen solange im Auto warten. Das ist der Grund, warum max. vier Hunde je Kurs teilnehmen können. Wenn sie gelernt haben, dass das angenehm ist und sie vorher und nachher ausreichend Bewegung haben, sollte das kein Problem sein.

Gewöhnen Sie sich sofort daran, alles mitzunehmen: Belohnung, Wasser und was Sie sonst so benötigen. Denn Trailen macht durstig, nicht nur hungrig. Das intensive Schnüffeln trocknet die Schleimhäute aus und auch Hunde, die normalerweise nicht viel trinken, nehmen am Ende gerne mal einen Schluck. Bei längeren Trails, trockenem oder windigem Wetter kann es durchaus sein, dass Ihr Hund auch zwischendrin mal etwas zu trinken braucht, da er sonst nichts mehr riecht.

Wenn Ihr Hund normalerweise am Halsband geführt wird, legen Sie ihm jetzt ein weiches und bequemes Brustgeschirr um, das ihn nirgendwo drückt oder beengt, und hängen die 10-Meter-Leine ein. Eine kürzere Leine ist nicht sinnvoll, weil Sie ihm sonst dauernd auf den Hacken stehen und mit einer längeren verheddern Sie sich, solange Sie noch nicht geübt sind.

Wenn Sie mit Ihrem Hund zum Ansatz gehen, nehmen Sie ihn bitte relativ kurz, da er nicht lernen soll, sich wie ein Geier auf den Trail zu stürzen. Lassen Sie ihn evtl. vorher kurz absitzen oder abliegen, je nach Wetter, Untergrund oder was Bello lieber und / oder zuverlässiger macht. Idealerweise benötigen Sie kein Signal, sondern er hat gelernt, ruhig bei Ihnen zu stehen und zur Ruhe zu kommen. Gehen Sie erst mit ihm hin, wenn er ruhig ist und sich gut konzentriert. Sollten Sie einen Hund haben, der generell gerne zieht oder sich mit großem Feuereifer auf den Trail schmeißt, haben rutschfeste Radlerhandschuhe, Langlaufhandschuhe, Gartenhandschuhe oder dünne Lederhandschuhe aus dem Reiterbedarf schon vielen Hundeführern gute Dienste erwiesen.

Gelände

Es ist für Hunde in der Regel am einfachsten, wenn man im Wald beginnt. Auf Wiesen wird der Geruch leicht verweht, das irritiert gerade Anfänger stark und macht die Suche schwierig. Im Wald laufen auch weniger Menschen herum, der menschliche Geruch hebt sich deshalb von den anderen Gerüchen ab. Wenn Bello seine Aufgabe begriffen hat, können Sie, wie unter „Aufbau von Schwierigkeiten" beschrieben, schnell jedes andere Gelände mit einbeziehen. Waldboden gehört außerdem, vor allem wenn er feucht ist, zu den einfacheren Untergründen. Wer keinen Wald in der Nähe hat, kann sich in einem Park einsame Stellen suchen. Bitte meiden Sie alle Plätze, an denen sich viele Menschen und Hunde tummeln, da hier Ihr Bello viel zu stark abgelenkt ist und sich außerdem ganz sicher viele Zuschauer einfinden werden. Das ist gerade für Anfänger nicht förderlich.

Aufbau mit Schleppe

Vorbereitung für die Schleppe:

Sie nehmen ein mindestens faustgroßes Belohnungsstück, wickeln es in das Netz und binden die Paketschnur drum, so dass dieses Päckchen sich nicht von selbst öffnet. Allerdings sollte das Stück schon noch sicht- und riechbar sein. Die Paketschnur soll so lang sein, dass das Päckchen am Boden schleift, wenn Sie es hinter sich herziehen. Zu lang darf sie nicht sein, da sie sich sonst in allem möglichen verheddert.

Ansatz (Beginn des Trails) 1. Schleppe:

Der Hund ist angeleint, die Versteckperson zeigt ihm den Dummy, in dem die begehrte Belohnung ist, animiert ihn ein wenig damit (= anreizen) und läuft von ihm wenige Meter weg zum Ansatz. Sie kratzt an der Stelle, an der sie losgeht, mit den Füßen stark am Boden, drückt das Fleisch auf den Boden (evtl. mit den Füßen drauftreten) und geht dann mit normalen Schritten los, indem sie das Fleisch hinter sich herzieht. Der angeleinte Hund muss zusehen können, darf aber nicht hinterher. Am Antritt sollte die Versteckperson immer ein sichtbares Kennzeichen für den Menschen hinterlassen, z.B. Papierstreifen an einem Ast. Es ist nur bei sehr trockenem Boden sinnvoll, mit schleifenden Füßen zu gehen. Bei einigermaßen feuchtem Boden gehen Sie ganz normal. Nach etwas 20-30 Schritten bringt die Versteckperson eine Markierung z.B. an einem Busch oder Baum an und biegt in einem Winkel von etwas mehr als 90° ab. Sie geht ca. 30-40 Schritte weiter bis zum Abtritt = Ende des Trails.

Ansatz 2. / 3. Schleppe:
Die Versteckperson reizt den Hund bei der 2. Schleppe nicht mehr so stark, aber der Hund sieht nach wie vor, dass sein Dummy weggetragen wird. Bei der dritten Schleppe entfällt das Schleppen völlig. Der Hund soll nur noch dem Geruch des Menschen folgen, er wird auch nicht mehr angereizt. Da die Schleppen in der Regel nebeneinander gelegt werden und der Hund am Ausgangspunkt bei der 1. Schleppe wartet, wird die Entfernung zum Ansatz immer ein Stückchen größer, der Hund sieht also immer weniger, was der Mensch macht und die Spur liegt immer ein kleines bisschen länger. Bei der 2. und 3. Schleppe erfolgt der Winkel in die andere Richtung.

Schleppe:
Beim ersten Trail wird das Päckchen während der ganzen Strecke hinterher gezogen bis zum Ende der Schleppe. Beim 2. Trail wird bis kurz nach dem Winkel geschleppt, dann wird das Päckchen hochgenommen. Bei den ersten drei Trails werden keine Markierungen außer am Antritt, an den Winkeln und am Abtritt gesetzt. Bei der 1. + 2. Schleppe sieht der Hund auf alle Fälle zu, ab der 3. Schleppe geht die Versteckperson (Fährtenleger) außer Sicht, falls der Hund schon verstanden hat, was er tun soll. Wenn Ihr Hund ein bisschen länger braucht, ist das kein Drama. Sie lassen ihn dann etwas länger zusehen und bauen die Distanz langsamer auf.

Abtritt (Trailende):
Wieder gut kratzen und die Belohnung in einer Tüte oder im Futterdummy auf einen großen Gegenstand (Jacke) auf den Boden legen. Wenn die Versteckperson weggeht, muss sie mit mehreren großen Schritten geradeaus weitergehen, ehe sie sich von der Fährte entfernt. Das Problem für den Hund ist dabei, dass der Trail ja nicht wirklich endet, sondern weitergeht und der Hund verstehen muss, dass an der Jacke Schluss ist.

Die Länge und Liegezeit:
Die ersten Trails liegen nicht sehr lange, noch gehen sie über große Entfernungen. Solange geschleppt wird, ist ein Trail nicht länger als max. 40-100 Schritte (je nach Hund) und sie liegt bis zum Suchen nicht länger als max. 5-10 Minuten. Die ersten drei Trails dienen ausschließlich dazu, Ihrem Bello klar zumachen, dass es sich auf alle Fälle lohnt, diesem Geruch zu folgen, mehr nicht. Wenn er das verstanden hat, können Sie abwechselnd ganz allmählich die Spur länger machen, bzw. länger liegen lassen. Bis der Hund sicher sucht, also die ersten 10-15 Trails sollte die Liegezeit nicht länger als max. 15 Minuten sein.

Dummy / Belohnung:
Da Sie nicht auf Dauer die Belohnung irgendwo rumliegen lassen möchten. sondern selber dem Hund geben wollen, können Sie ab der 3. Schleppe den Dummy schon bei sich tragen. Sowie Bello bei der Jacke oder bei der Versteckperson angekommen ist und etwas irritiert nach dem Dummy sucht, loben Sie ihn enthusiastisch. Er wird sich garantiert zu Ihnen umdrehen und Sie können ihn sofort aus dem Futterdummy belohnen. So können Sie das von mir verwendete Anzeigeverhalten aufbauen, das noch weiter hinten besprochen wird.

Versteckperson:
Viele Anfänger wissen nicht, wie und ob sie mit dem Trailen weitermachen, ob sie immer geduldige Menschen finden, die für sie Trails legen und sich verstecken. Deshalb finden ihre Hunde bei diesem Aufbau anfangs keine Versteckperson sondern einen Gegenstand. Das bedeutet, dass ich die Versteckperson später einführen muss, aber auch dass das Training einfacher wird: der Hund lernt zwar, dem Geruch zu folgen, aber sowie er an der Jacke angekommen ist, ist die Suche beendet. Ein Jacke oder einen anderen großen Gegenstand, der nach Ihrer Versteckperson duftet, irgendwo zu hinterlegen, ist aber bedeutend einfacher, als einen Menschen dazu zu bringen, auf Sie und Bello zu warten. Falls Sie sicher sind, dass Sie weitertrailen möchten und auch immer genügend Personal zur Verfügung haben, können Sie durchaus gleich einen Menschen am Ende platzieren, Sie müssen dann aber irgendwann als Trainingspunkt einbauen, dass niemand am Ende sitzt.

Aufbau mit Bezugsperson (nach Robert Boulanger)

Eine dem Hund vertraute Person, die er mag, hält den angeleinten Hund. Diese Person fungiert wie ein lebender Pfosten, an dem der Hund befestigt ist. Das bedeutet, dass sie dem Hund keine Anweisungen gibt, sich ruhig verhält und die Leine ruhig hält. Der Hundeführer entfernt sich rückwärts gehend vom Hund und hält seine Aufmerksamkeit. Alle 5-10 Meter geht er in die Hocke, kratzt interessiert am Boden und macht den Hund darauf aufmerksam, z.B. indem er ihn anspricht. Die Kratzstellen dienen dazu, den Hund mit der Nase auf den Boden zu bringen. Nach ca. 50-70 Metern verschwindet er um die Ecke, unmittelbar vor und hinter der Ecke gibt es wieder eine deutliche Kratzstelle. Ca. 5-10 Meter nach der Ecke geht er etwas vom Weg ab, so dass der Hund ihn beim Abbiegen nicht sofort sieht. Sowie der Hundehalter in seinem Versteck ist, gibt man dem Hund Leine und lässt ihn laufen. Idealerweise schnüffelt er an den Kratzstellen, wenn er aber zügig hinterherläuft und auf der Spur bleibt, ist es auch in Ordnung.

Wenn er bei seiner Bezugsperson angekommen ist, wird er sehr gelobt und belohnt. Bereits beim 2. Mal geht nicht mehr die Bezugsperson weg, sondern jemand anders, den er auch gut kennt und gern mag. Zum ersten Trail kann ebenfalls eine andere Person eingesetzt werden, die der Hund sehr gerne mag und an der er großes Interesse zeigt, wenn sie sich entfernt. Man wiederholt das noch ein bis zwei Mal, lässt den Hund zusehen und zeigt ihm aber schon den Geruchsgegenstand am Ansatz. Dann wird der Hund zunehmend weiter vom Startpunkt entfernt, dort wird ihm der Gegenstand gezeigt, so dass er lernt, sich selber einzusuchen. Wenn er das gut verstanden hat, beginnt man mit dem Aufbau der weiteren Schwierigkeiten. Bei diesem Aufbau sind keine Markierungen nötig, sie werden erst eingeführt, wenn die Trails länger und komplizierter werden.

Achtung: Die Variante „der Hundehalter entfernt sich" darf auf keinen Fall eingesetzt werden bei Hunden, die an Trennungsangst leiden. Hier muss man auf eine zweite Bezugsperson zurückgreifen oder die 1. Variante aufbauen.

Länge und Liegezeit:
Die Länge ist max. 100 Meter, bei kleinen Hunden eher weniger. Die Liegezeit ist am Anfang wenige Minuten und wird dann automatisch länger, da man den Hund im Auto lässt und erst zum Suchen holt. Bis der Hund sicher sucht, also die ersten 10-15 Trails sollte die Liegezeit nicht länger als max.

15 Minuten sein. Für Übungstrails, bei denen bestimmte Situationen trainiert werden, reichen relativ kurze Liegezeiten, allerdings kann man zum Trainieren durchaus die Zeiten langsam verlängern auf 2-3 Stunden.

Ansatz / Antritt:
Beim Ansatz muss man sofort sehr genau darauf achten, dass man dem Hund nicht aus Versehen ein falsches Ritual beibringt. Da Sie im Ernstfall nicht wissen, wo und in welche Richtung die gesuchte Person gegangen ist, müssen Sie sorgfältig darauf sehen, dass Bello nur so lange in die Richtung des Trails sehen kann, solange er beim Weggehen zusieht. Sobald er nicht mehr zusehen kann, wird er immer gegen den Trail angesetzt, wenn Sie ihn am Gegenstand riechen lassen. Zum einen entwickelt er so ein eindeutiges Anzeigeverhalten, da die Hunde sich immer in Richtung des Geruchs drehen, zum anderen lernt er sofort selbständiges Arbeiten. Sie stellen sich deshalb immer mit dem Gesicht zum Trail, Ihr Hund soll vor Ihnen stehen oder sitzen, jedenfalls soll er Sie ansehen und mit dem Rücken zum Trail platziert werden.

Wenn er sich umdreht, soll er nicht sofort losstürmen, da Sie zuerst den Gegenstand verstauen und alles gut ordnen müssen. Die Leine muss richtig in der Hand liegen und Sie müssen bereit sein zum Losgehen. Außerdem ist Ruhe am Ansatz die wichtigste Voraussetzung für ruhiges Arbeiten. Erst auf Ihr Signal z.B. „geh arbeiten" soll er tatsächlich anfangen zu suchen. Dabei geben Sie nur und ausschließlich ein Hörzeichen, das Zeigen in irgendeine Richtung ist strengstens verboten. Bello würde sich immer an Ihnen orientieren und dahin gehen, wo Sie hinzeigen. Wenn Sie jetzt, was sehr wahrscheinlich ist, in Richtung Trail zeigen, denkt er, Sie zeigen ihm den Beginn immer. Sowie Sie aber nicht mehr wissen, wo Ihre Versteckperson gelaufen ist, haben Sie verloren. Also verzichten Sie in diesem Fall auf Sichtzeichen.

Hüten Sie sich davor, einen arbeitseifrigen Hund mit Abbruchsignalen am Anfangen zu hindern. Ein wie auch immer ausgesprochenes Verbotswort, egal ob Sie „nein" oder „lass es" sagen, bedeutet, dass Ihr Hund jetzt sofort mit dem aufhören soll, was er gerade tut oder vorhat. Das wollen Sie nicht wirklich. Wenn Sie ihn zur Ruhe bringen wollen, halten Sie die Leine kurz oder geben Sie die Leine Ihrer Begleitperson zum halten, die ihn ebenfalls mit kurzer Leine daran hindert loszustürmen. Sie verstauen in aller Ruhe Ihre Sachen und zeigen ihm dann an, dass es jetzt losgeht. Je ruhiger Sie dabei bleiben, je besser Sie alles organisieren und je klarer dieses Anfangsritual für ihn ist, umso schneller versteht er auch, was Sie von ihm wollen.

Im Zweifelsfall ist es aber tatsächlich sinnvoller, einen begeisterten Anfänger zum Ansatz zu lassen und dann durch längere Liegezeiten und schwierigeren Ansatz Ruhe in die ganze Sache zu bringen.

Allgemeingültiges

Markierungen:
Sie dienen dazu, Ihnen zu zeigen, dass Ihr Bello auf dem richtigen Weg ist. Die Schleppen werden am Ansatz, an den Winkeln und am Trailende markiert. Bei Aufbau mit Bezugsperson fangen Sie frühestens mit dem Markieren an, sobald Sie mit Bello beim Legen des Trails nicht mehr anwesend sind. Es gilt aber generell, dass man nur so viel wie nötig, nicht so viel wie möglich markiert.

Die Markierungen verleiten dazu, den Hund zu korrigieren, das verunsichert die Hunde. Bei zu vielen Korrekturen oder Unsicherheiten des Hundeführers denkt der Hund, dass er etwas falsch macht oder dass sein Mensch es besser weiß und die Aufgabe deshalb vermutlich auch besser lösen kann. In beiden Fällen hört er auf zu arbeiten. Deshalb sollten Markierungen auch so schnell wie möglich abgebaut, bzw. grundsätzlich auf ein absolutes Minimum reduziert werden. Denken Sie immer an den verschwundenen Pilzsucher, der keine Markierung an den Bäumen hinterlässt, an denen er vorbeikommt.

Im Zweifelsfall, wenn Sie in einem neuen und unbekannten Gelände arbeiten, führen Sie kurzfristig wieder mehr Markierungen ein. Bei den Markierungen bleibt die Versteckperson längere Zeit stehen, bis die Markierung angebracht ist. Das bedeutet, dass der Geruch dort intensiver ist als an anderen Stellen der Fährte, wir haben automatisch einen Geruchspool. Das kann sehr hilfreich sein. Manche Hunde begreifen sehr schnell, dass sie an Geruchspools nur nach oben sehen müssen, um die Markierung zu entdecken. Es kann passieren, dass ein Hund anfängt, sich an den Markierungen zu orientieren und „vergisst" seine Nase einzusetzen. Das ist nicht wünschenswert. Deshalb sollte Ihre Versteckperson auch einfach mal so stehen bleiben, damit ein unmarkierter Geruchspool entsteht. Denken Sie an das spielende Kind, das sich im Wald verlaufen hat: es hinterlässt keine Flatterbänder an Bäumen und Ihr Hund soll es trotzdem finden. Außerdem haben vergessene Markierungen schon viele Hundeführer verwirrt. Ein verwirrter Hundeführer korrigiert seinen Hund aber unnötig und bringt den Hund durcheinander, der dann mit dem Arbeiten aufhört und frustriert ist. Reduzieren Sie so schnell wie möglich die Markierungen auf das absolute Minimum und vergessen Sie nie, die Markierungen nach der Suche wieder zu entfernen.

Bewährt als Markierungen haben sich im Gelände kleine, zweifarbige Scheiben, die sich leicht an Bäumen befestigen lassen und dem Hundeführer den Weg anzeigen, rot-weiße oder gelbe Flatterbänder, Markierungsbänder aus dem Jagdbedarf, aber auch Papier- oder Tuchstreifen, die länglich zugeschnitten sind. Wichtig ist, dass die gewählte Markierung im Gelände gut sichtbar ist, grüne oder blaue Bänder kann man im Wald nicht gut sehen, rote oder gelbe dagegen schon. Im Ortsbereich kann man mit Kreidespray arbeiten, das nicht dauerhaft auf dem Untergrund bleibt, aber doch so lange, bis Ihr Hund seinen Job erledigt hat. Zu beachten ist bei der Arbeit mit Kreidespray, dass es für Hunde relativ intensiv riecht und eindeutig mit dem Geruch der Versteckperson identifiziert werden kann. Ein aufmerksamer Hund kann durchaus auf die Idee kommen, nach dem Geruch des Sprays zu suchen.

So kann eine Markierung aussehen

Eine Markierung sollte anfangs mindestens 10 Meter von der letzten entfernt und so angebracht sein, dass sie von der vorherigen zu sehen ist. Später reicht es, wenn besondere Stellen markiert werden. Außerdem sollte sie in Augenhöhe des Menschen und für den Hund möglichst unauffällig sein.

Winkel:
Bauen Sie von Anfang an in jedem Trail Winkel und Bögen mit ein. In Parks, bzw. auf Waldwegen und im Ortsbereich erfolgen die Abzweigungen automatisch, im Wald und im offenen Gelände müssen Sie daran denken. Beachten Sie dabei, dass Sie nicht immer in die gleiche Richtung, bzw. in der gleichen Reihenfolge gehen. Ihr Hund soll nicht lernen: erst geht es zweimal rechts, dann zweimal links und dann 100 Meter geradeaus und dann gibt es die Belohnung. Er soll lernen: Auf jedem Trail kann es mal nach rechts oder nach links gehen, mal im Bogen, mal im Winkel, und mal auch eine ganze Strecke geradeaus.

Achten Sie gerade am Anfang darauf, dass er nicht abkürzt. Wenn Sie ohne Markierungen arbeiten, macht er das zwar auch, aber dann arbeitet er schon zuverlässig den Trail aus und Sie können sich auf ihn verlassen, weil Sie gelernt haben, ihn zu „lesen". Am Anfang machen Sie stumpfe Winkel idealerweise zwischen 120° und 150°. Spitze Winkel < als 90°, verleiten den Hund zum Abkürzen, Sie trainieren dann schlampiges Arbeiten.

Anzeigeverhalten:
Unter „Anzeigeverhalten" versteht man, wie Ihnen Ihr Hund die gesuchte Person eindeutig zeigt. Es kann durchaus sinnvoll sein, seinem Hund beizubringen, dass er sich neben oder vor ihr hinsetzt, -stellt oder -legt, je nachdem, was er lieber macht oder besser kann. Idealerweise bringen Sie ihm das mit dem Klicker bei, das geht nach meiner Erfahrung am schnellsten.

Ich bevorzuge, dass die Hunde zu der gesuchten Person hingehen, sie evtl. kurz berühren und dann zum Hundeführer zurückkommen, wo sie belohnt werden. Da diese Situation für die Hunde immer großartig ist, kommen sie in der Regel freudestrahlend angelaufen. Für „Spaßtrailen" reicht das vollkommen aus. Etwas undeutlich kann es werden, wenn mehrere Personen nahe zusammen stehen und Sie nicht direkt sehen können, wo er jetzt richtig dran war. Deshalb können Sie auch ein eindeutigeres Anzeigen wie „sitz" oder „platz" wählen.

Das Anzeigen überlasse ich grundsätzlich meinen Kursteilnehmern, da manche Hunde von sich aus etwas Gutes anbieten. Eine Dackelhündin in einer meiner Gruppen verbellt und zwar nur kurz und mit einem bestimmten Bellen, das für ihr Frauchen eindeutig ist. Das ist eine Ausnahme, vor allem weil die Hündin zuhause sehr ruhig und kein Kläffer ist. Eine anderer Hund stellt sich gerne neben die Versteckperson wedelt begeistert. Das ist natürlich richtig Klasse.

Wer sehr ehrgeizig ist, kann eine Bringselanzeige wählen. Dazu bekommt der Hund etwas um den Hals, z.B. ein Leder- oder Holzstück, das er ins Maul nehmen kann. Bei der Versteckperson nimmt er das Bringsel ins Maul und läuft damit zu seinem Hundeführer zurück. Dann geht er mit seinem Hundeführer zu der Versteckperson hin. Diese Anzeige bietet sich an, wenn man seinen Hund frei suchen lässt, ist also nichts für Anfänger.

Der Fährtenleger / die Versteckperson muss folgendes beachten:
Anfangs darf kein Geländewechsel erfolgen, z.B. vom Wald über einen Weg auf die Wiese oder umgekehrt. Andere Fährten (Verleitungen) sollen möglichst nicht gekreuzt werden. Die Versteckperson muss genau darauf achten, dass sie beim Gehen im Wald nicht auf einem Wildwechsel losgeht, bzw. einem Wildwechsel folgt. Der Wildgeruch kann für einen unerfahrenen Hund so spannend sein, dass er ihm lieber folgt als der Menschenspur, vor allem wenn die Versteckperson für den Hund nicht vertraut oder attraktiv ist. Wo es sich nicht vermeiden lässt, sollte der Wildwechsel so schnell wie möglich wieder verlassen werden.

Manchmal kann ein Trail nicht so gelegt werden, wie es besprochen war oder es tauchen unterwegs nicht vorhersehbare Schwierigkeiten auf, z.B. ein Reh ist über den Weg gelaufen oder die Strecke geht an einem Zaun vorbei, hinter dem Hunde rumtoben. Dann sollte Sie der Versteckperson über Handy oder Walkie-Talkie informieren, damit Sie darauf gefasst sind. Oder Sie vereinbaren mit ihm eine besondere Markierung, die Ihnen signalisiert, dass Sie hier gut aufpassen müssen.

Falls die Variante mit Bezugsperson aufgebaut werden soll, ist es für den Hund etwas Neues, wenn eine andere Person gesucht wird. Sie müssen dann alle anderen Bedingungen gleich halten, damit es für ihn einfach ist. Idealerweise legt die Versteckperson den ersten Trail ebenso wie die Bezugsperson. Wenn die Trails länger werden, kann es sinnvoll sein, dass

Sie immer eine Person mitschicken, die sowohl die Verleitpersonen als auch die Versteckperson an Ort und Stelle bringt und dann mit Ihnen mitläuft. Das hat Vorteile. Zum einen stehen die Leute wirklich da, wo Sie sie haben wollen, zum anderen weiß die Begleitperson, wo Probleme auftreten können und kann Sie vorwarnen.

Ein wichtiger Hinweis an Versteckpersonen, die Sie zum ersten Mal einsetzen ist: sie darf den Hund nicht anstarren, wenn er auf sie zukommt. Am Ende des Trails sind die meisten Hunde sehr aufgeregt. Da kann es zu Problemen führen, wenn ein womöglich unbekannter Mensch unter einem Baum sitzt, der ihn fasziniert anstarrt. Manche Hunde werden durchaus unfreundlich, weil sie dieses Anstarren (= fixieren) als Drohsignal interpretieren, andere reagieren eher unsicher und trauen sich nicht hin. Idealerweise tut die Versteckperson so, als würde sie den Hund überhaupt nicht registrieren. Auch beim direkten Kontakt mit dem Hund, wird dieser ignoriert. Ausnahmen sind natürlich erlaubt, wenn die Versteckperson und Ihr Hund gut befreundet sind.

Verleitpersonen:
Je nachdem wo Sie arbeiten, kann es sinnvoll sein, gezielt Verleitpersonen einzuführen. Diese Personen stehen an Stellen, die Sie Ihnen vorher angewiesen haben. Dort angekommen müssen Sie Ihrem Hund die Gelegenheit geben zu kontrollieren, ob das die gesuchte Person ist oder nicht. Wenn er weitergeht, loben Sie ihn, aber tun Sie das bitte erst, wenn er deutlich weitersucht. Wenn Sie zu früh loben, verwirren Sie ihn und er denkt, er hat die richtige Person gefunden. Im weiteren Verlauf des Trainings können Sie zunehmend Verleitpersonen in die Nähe der Versteckperson stellen, so dass Ihr Hund irgendwann die richtige Person in einer Gruppe findet.

Die Begleitperson:
Sie müssen unterwegs eine ganze Menge Zeug mitschleppen. Wenn Sie erst so weit sind, dass Sie vom freien Gelände in den Ortsbereich wechseln, benötigen Sie eine zweite, kürzere Leine. Dann brauchen Sie noch das Wasser und die Belohnung, Ihr Handy, den Autoschlüssel, evtl. Regenkleidung, da kann ein kleiner Rucksack schon voll werden. Da viele Hunde auf der Strecke eine recht flotte Gangart vorlegen, kann es sinnvoll sein, dass jemand Ihre Sachen trägt, damit Sie nicht zu behindert sind. Außerdem können unterwegs alle möglichen Dinge vorkommen, bei denen es gut ist, wenn noch jemand mitläuft, z.B. kann Ihnen jemand mit Hund ent-

gegenkommen, der in eine andere Richtung gelenkt werden sollte, damit es keinen Ärger gibt. Auch die Zwischengegenstände und Markierungen müssen eingesammelt werden, dazu haben Sie selber keine Zeit. Jemand muss auch dafür sorgen, dass Ihre Leine nirgends hängen bleibt. Es könnte sein, dass Ihr Hund mal die Spur verliert, dann sollte jemand noch wissen, wo die letzte Markierung war. Wenn Sie die Begleitperson zudem, wie vorher erwähnt, zum Platzieren aller anderen Mitwirkenden einsetzen, hilft Sie Ihnen nicht nur Schwierigkeiten zu umgehen, sondern auch die Versteckperson tatsächlich zu finden.

Sie sehen, für die Mitnahme einer Begleitperson besteht absolut Notwendigkeit, Diese Person sollte genau wissen, was hier abgeht und auf was sie achten muss. Wenn also Ihr Kumpel mit Ihnen über die Bundesligaergebnisse vom letzten Wochenende reden möchte, ist das nicht der geeignete Termin. Ebenso sollte die Besprechung von George Clooneys aktuellem Film auf einen anderen Zeitpunkt vertagt werden. Ihre ganze Aufmerksamkeit gehört dem Hund, die Begleitperson muss dafür sorgen, dass Sie und er nicht gestört werden. Selbstverständlich können Sie – und zwar von Anfang an – auch Fremde mitlaufen lassen, wenn sich jemand dafür interessiert. Allerdings muss klar sein, dass diese Ihnen unterwegs keine Fragen stellen, Sie und Ihren Hund nicht blockieren oder behindern und auch nicht dreinreden. Sie müssen sich ihre Fragen für später aufheben, wenn die Arbeit erledigt ist. Ansonsten ist das eine gute Sache, wenn Ihr Hund sich daran gewöhnt, dass immer mal wieder fremde Leute dabei sind.

Verleitungen:

Es gibt im Wald jede Menge natürlicher Verleitungen: Wildwechsel, Spuren von Jägern, Hunden, Pilzsammlern... Im Ortsbereich, auch wenn man in wenig besuchten Parks anfängt, finden sich zahlreiche Gerüche von Menschen, Tieren und Fahrzeugen, die den Hund ablenken und irritieren können. Das bedeutet, dass der Hund automatisch lernt, erst einmal der „frischesten" Spur zu folgen und der, die am besten riecht, z.B. Fleisch. Gerade im Wald kommt es immer wieder vor, dass ein Reh den Weg kreuzt, während die Versteckperson unterwegs ist oder wenn Hund und Mensch schon losgegangen sind. Diese Spuren sind für die Hunde natürlich hochinteressant. Geht der Hund so einer Wildfährte nach, bleibt der Mensch einfach stehen, sichert den Hund und wartet, bis er auf die richtige Spur zurück kommt. Verleitungen passieren also sowieso und Sie haben keinen Einfluss darauf. Deshalb müssen Sie Verleitungen gezielt und bewusst trainieren.

Belohnung:

Wer sich nicht sicher ist, was sein Hund am liebsten mag, kann durch einen Test herausfinden, welches die beste Belohnung ist. Die Belohnung am Ende der Schleppe muss identisch sein mit dem, was geschleppt wird. Es ist also sinnvoll, anfangs etwas zu wählen, was sich auch gut schleppen lässt und intensiv riecht. Krümelige, sehr weiche oder trockene Sachen sind zur Schleppe nicht geeignet. Am besten eignet sich ein Stück rohes Rindfleisch, das etwas blutig sein sollte. Später können Sie fast alle Belohnungen verwenden, die ihr Bello supertoll findet, da Sie die Belohnung ja dabei haben und nichts mehr geschleppt werden muss.

Der Hund sollte tatsächlich etwas von der Belohnung haben, d.h. wenn er einen Trail von ca. einem Kilometer läuft, die schon seit 4 Stunden liegt, darf es ruhig ein bisschen mehr sein als ein kleines Stückchen Wurst. Da ist schon eher die ganze Wurst angesagt. Trockenartikel haben sich nach meiner Erfahrung nur dann bewährt, wenn sie nicht allzu groß sind und der Hund nicht allzu lange darauf herumkaut. Auch sind die Hunde nach dem Suchen oft durstig und da ist eine trockene Belohnung u.U. auch nicht das Wahre. Deshalb: Wasser nicht vergessen. Auch das gehört zur Anerkennung für die geleistete Arbeit.

Geben Sie Ihrem Hund die Belohnung immer selber. Es ist keine gute Idee, die Versteckperson die Belohnung geben zu lassen Das mache ich nur in besonderen Ausnahmefällen, auf die ich hier nicht näher eingehen möchte. Stellen Sie sich vor, dass Sie mit Bello zu einem Ernstfall geholt werden, und dieser Ernstfall hat panische Angst vor Hunden. Wenn jetzt Ihre Pelznase auf den glücklich Gefundenen zustürmt und voller Freude sein Würstchen einfordert, kann es ganz schnell gerade bei verwirrten alten Menschen zu großen Problemen kommen. Außerdem sind Sie als Hundeführer verantwortlich, dass alles vernünftig und ruhig abläuft und Ihr Hund versteht, dass Sie mit ihm arbeiten, also auch für Lob, Belohnung, Anweisungen und Hilfe unterwegs zuständig sind.

Leckerchen-Hitliste:

Um herauszufinden, was Ihr Vierbeiner am liebsten mag, können Sie an einem langweiligen Regennachmittag eine Leckerchen-Hitliste aufstellen und das geht so: Sie nehmen verschiedene Leckerchen, von denen Sie wissen, dass Bello sie mag. Je eines nehmen Sie in je eine Faust. Sie halten Bello beide Fäuste hin und warten einfach ab, was er macht. Wenn er eindeutig an einer Faust hängenbleibt, gehen Sie zur Kontrolle mit der anderen drüber. Wenn Sie sicher sind, bekommt er das tolle Leckerchen. So testen Sie jedes gegen jedes. Zum Schluss haben Sie ein wunderbare Hitliste, die Sie natürlich nicht nur beim Trailen einsetzen können.

Zwischengegenstände / Zwischenbelohnungen:
Wenn Sie im Ernstfall mit Ihrem Hund unterwegs sind, macht kein Mensch irgendwelche Zeichen an Hausecken oder Bäume, damit Sie wissen, wo er lang gegangen ist. Außerdem kann es Ihnen passieren, dass Bello, wenn der Trail sehr lang und schwierig ist, unterwegs die Lust verliert. Deshalb kann es sinnvoll sein, unterwegs immer mal wieder was auszulegen, das intensiv nach der Versteckperson riecht. Jedes Mal, wenn er etwas findet, können Sie ihn loben und belohnen und halten so seine Motivation aufrecht. Außerdem lernt er, Ihnen kleine Dinge anzuzeigen, so dass Sie wissen, er ist auf der richtigen Spur. Zeigt Ihr Hund an diesen Zwischengegenständen kein Interesse, lassen Sie sie weg. Eine Möglichkeit, Zwischengegenstände einzuschieben und interessant zu machen, ist, Leckerchen drauf zu legen. Manchen Hunden hilft der Zwischengegenstand, um motiviert dran zu bleiben, und für Sie ist es ein gutes Zeichen, wenn er sich ausschließlich mit Gegenständen befasst, die nach der Versteckperson riechen.

Anweisungen:
Sobald der Hund begriffen hat, was er tun soll, kann das Signal zum suchen eingeführt werden, oft ist das bereits beim 4./5. Trail schon der Fall. Als Signal kann z.B. „geh arbeiten" oder etwas ähnliches benutzt werden. Sie benötigen es auch unterwegs, wenn Ihr Hund stark abgelenkt wurde und Sie ihn darauf aufmerksam machen, dass er weitersuchen soll. Weitere Signale, die Sie und Ihr Hund brauchen, sind „warte", ein Signal für „Pause" und ein Kontrollsignal, mit dem Sie ihn irgendwo zum Überprüfen hinschicken können. „Warte" benötigen Sie z.B., wenn Sie zu einem Elektrozaun kommen und prüfen müssen, ob er geladen ist. Es kann auch sein, Sie fallen im Wald hin und müssen Bello daran hindern, weiter zurennen.

Ein Signal für „mach weiter" ist gerade im Ortsbereich sinnvoll, wenn andere Hunde oder Menschen Bello ablenken. Je erfahrener er ist, umso unproblematischer ist das, aber gerade am Anfang ist es sehr wichtig, dass Sie ihm dann helfen. Allerdings ist dieses „such weiter" oder „weiterarbeiten" nicht dazu gedacht, ihn anzutreiben oder am Kontrollieren zu hindern.

Was allerdings komplett verboten ist: Abbruchsignale. Abbruchsignale benötigt man sowieso sehr viel weniger, als die meisten Menschen glauben. Wenn Sie einmal darüber nachdenken, wie oft man seinem Hund Übeltaten unterstellt, die er gar nicht vorhatte, dann sollte Ihnen klar sein, dass man ihn erst recht nicht dann mit Verbotsworten bewerfen sollte, wenn er gerade etwas Wichtiges für Sie erledigt.

Aufbau des Kontrollsignals:
Ein Kontrollsignal benötigen Sie, damit Sie ihm in schwierigen Momenten helfen können. Stellen Sie sich vor, Ihr Hund traut sich nicht, der Spur zu folgen, weil die Versteckperson in den Wald hineingegangen ist. Im Alltag ist Ihrem Bello das Betreten des Waldes verboten, weil er sich zu sehr für die Freunde des Waldes interessiert. Jetzt zeigt er Ihnen zwar an, dass es hier weitergeht, aber er traut sich nicht so recht. Da Sie das Betreten des Waldes unter Kommando stellen, ist es hier als Ausnahme erlaubt. Hunde verstehen das, wenn es richtig aufgebaut wird.

Wenn Sie damit anfangen, ihn zur Kontrolle irgendwo hin zu schicken, dann schicken Sie ihn die ersten zwei bis drei Mal richtig. Danach schicken Sie ihn einmal „falsch“, anschließend sofort richtig. Das wird so lange variiert, bis er sicher versteht, dass eine Kontrolle gut und richtig ist und dass Sie nicht (!) wissen, was er dort findet. Sie sind also kein Garant dafür, dass er an der Kreuzung in der von Ihnen angegebenen Richtung die gesuchte Person auch findet. Wenn Bello anfängt, selbständig zu kontrollieren, lassen Sie das Signal wieder weg.

Pause:
Es bietet sich an, bei längeren Trails oder in schwierigem Gelände, wo die gesuchte Person eindeutig in eine bestimmte Richtung gegangen ist, oder für Strecken ohne Ausweichmöglichkeiten, ein Pausensignal einzuführen, damit er nicht zu stark ermüdet. Beispiel: Sie suchen eine längere Straße ab und wissen nicht, wo die gesuchte Person abgebogen ist. Also lassen Sie Bello nur die Abzweigungen und Kreuzungen aussuchen, wenn Sie weitergehen, macht er „Pause“. Sie können das so aufbauen, dass Sie ihn loben und belohnen, dann evtl. die Leine wechseln, vor dem nächsten Suchlauf wird die Leine wieder gewechselt, dann bekommt er den Gegenstand und das Suchsignal. Eine andere Variante ist, dass Sie ihn, falls die Strecke nicht zu lange ist, bei Fuß bis zur nächsten Abzweigung laufen lassen. Lassen Sie sich damit Zeit und üben Sie das erstmal ohne es beim Trailen einzusetzen,

da das nicht so einfach ist und in der Anfangszeit noch nicht gebraucht wird. Wenn Sie und Bello das beherrschen, ist es wunderbar und erleichtert ihm seine Arbeit.

Korrekturen:
Der Leinenruck ist in meiner Hundeschule generell, aber ganz besonders beim Trailen verboten. Die Leine ist eine freundliche Verbindung zwischen Ihnen und Ihrem Hund – kein Korrekturmittel. Damit bremsen Sie Ihren Hund nur sinnlos aus. Es gibt eine einzige Korrektur, die erlaubt und sinnvoll ist. Wenn Ihr Hund einer Verleitung folgt, z.B. weil 5 Minuten vorher ein Reh oder ein Mensch mit einem frischen Bratwurstbrötchen durchgelaufen ist, bleiben Sie sofort stehen wie ein Baum und fixieren die Leine, so dass er keinen Millimeter weiter kann. Sie warten, bis Bello wieder zurückkommt und von sich aus die Spur wieder aufnimmt. Damit Sie wissen, wann er dem richtigen und wann dem falschen Geruch folgt, müssen Sie das üben, also immer wieder Verleitungen legen, um Ihren Hund und sich selber sicher zu machen. Ein Hund, der den Geruch verloren hat und anfängt zu kreiseln, arbeitet und darf auf gar keinen Fall korrigiert werden.

Selbstkorrektur des Hundes:
Wenn ein Hund den Geruch verloren hat, versucht er ihn wieder zu finden. Dazu fangen die meisten Hunde an, im mehr oder weniger weiten Bogen (= kreiseln) um den Hundeführer den Geruch zu suchen. Lassen Sie ihn, er sucht sich von selbst wieder ein und zeigt Ihnen mit dieser Aktion ganz deutlich, dass er die Aufgabe begriffen hat. Viele Hunde kreiseln bereits dann, wenn ihnen der Geruchsartikel vorgelegt wurde und der Wind den Geruch sehr stark verweht hat oder Sie relativ weit von der Stelle entfernt sind, wo die Versteckperson losgegangen ist.

Anfangsritual:
Viele Trainer üben ein sehr aufwendiges Anfangsritual mit dem Anlegen des Suchgeschirrs ein, das dem Hund zeigen soll: jetzt geht es los. Das ist in Maßen sinnvoll, da der Hund sich ja auf die Arbeit einstellen soll. Allerdings muss man es nicht übertreiben. In meiner Hundeschule werden Hunde grundsätzlich am Brustgeschirr geführt. Manche Hunde haben zum Trailen ein besonderes Geschirr. Das kann sinnvoll sein, wenn der Hund beim Trailen gerne zieht, dann empfehle ich Geschirre, die einen Einsatz an der Brust haben. Grundsätzlich empfehle ich Kreuz- oder T-Geschirre. Sich zum Anlegen über den Hund zu stellen oder ihm beizubringen, dass er zwi-

schen Ihre Beine kommen soll, halte ich für unnötig. Viele Hunde machen das nicht gerne und führen so etwas nur aus, weil man es ihnen lange und kompliziert beibringt. Es bringt keine Vorteile, dafür einige Nachteile, weil Sie Ihren Hund nur von oben sehen und dadurch schlechter beobachten können.

Bisher war es für alle Hunde ausreichend, wenn die Leine gewechselt und ihnen der Geruchsartikel vorgelegt wurde. Vor allen Dingen sollten Sie Ihren Bello nicht verrückt machen, so dass er vor lauter „Lass-mich-auch-mit" an der Leine rumtobt. Das ist kontraproduktiv zum konzentrierten und ruhigen Arbeiten. Wir lassen unseren Hund in Ruhe am Start ankommen, dort soll er sich erstmal orientieren, dann wird ihm in aller Ruhe die Tüte mit dem Geruchsartikel vorgelegt, und dann zeigt er uns an, wohin die Versteckperson gegangen ist, dann ordnen wir uns, geben ihm das Suchsignal, lassen ihn vorlaufen, bis wir sicher sind, er läuft in die richtige Richtung und dann gehen wir los.

Der Geruchsartikel:

Auf vielen Fotos in Artikeln über Mantrailing sieht man, wie die Hunde fast mit dem Kopf in einer Tüte mit dem Geruchsartikel verschwinden. Wenn Ihr Bello das freiwillig macht, ist es völlig in Ordnung. Allerdings sollten Sie ihn nicht dazu zwingen.

Dasko riecht am Geruchsartikel

Sie gehen mit ihm zum Ansatz, legen die Tüte offen vor ihn auf den Boden und machen ihn darauf aufmerksam. Wenn er daran schnüffelt, loben Sie ihn mit ruhiger und freundlicher Stimme und zeigen ihm, wo er diesen Geruch wiederfindet, nämlich am Ansatz oder – besser – Sie lassen ihn sich selbst einsuchen. Er wird sehr schnell die Verbindung herstellen und von sich aus an dem Geruchsartikel riechen wollen, wenn Sie die Tüte aus der Tasche ziehen.

Gerade bei Anfängern passiert es, dass sie sich nicht mehr sicher sind, ob sie noch auf der richtigen Spur sind. Wenn Sie das merken, holen Sie Ihren Hund ruhig zu sich und zeigen ihm nochmal den Geruchsartikel. Dadurch zeigen Sie Bello, dass Sie aufmerksam dabei sind und ihm helfen, wenn er Ihre Hilfe benötigt. Sehr schnell wird er lernen, mit einem fragenden Ausdruck bei Ihnen um den Geruchsartikel zu bitten. Verweigern Sie ihm das nie! Sie werden merken, wie schnell er sicher wird und diese Hilfe nur noch in Extremfällen benötigt. Sollten Sie denken: so ein Depp, das muss er doch können! Überlegen Sie bitte, dass das keine sehr hilfreiche Einstellung ist. Sie bilden Ihren Hund gerade aus, Vermisste zu suchen, da sollte er sich lieber einmal zu viel als zu wenig absichern, damit er seine Aufgabe erfolgreich erledigen kann. Es ist in der Regel kaum möglich festzuhalten, wie der Hund den Geruch aufnimmt, da das enorm schnell geht. Manche Hunde stecken irgendwann von selber den Kopf in die Tüte. Mir kommt es allerdings so vor, als hätte das mehr mit der Vorfreude aufs Arbeiten zu tun als mit der Notwendigkeit, intensiv zu schnuppern.

Vergleichen Sie diesen Vorgang am besten mit diesen beiden Situationen:

- Wie lange stehen Sie vor einem Bratwurststand, bis Sie wissen, dass hier Bratwurst auf dem Grill liegt?
- Wie lange müssen Sie einen Baum anschauen, um zu wissen, dass das ein Baum ist?

Trailende:
Dem Hund sollte klar sein, wann sein Job erledigt ist. Das ist total logisch, wenn er die Person gefunden hat. Falls Sie aber irgendwann niemanden am Ende haben oder Sie müssen abbrechen, weil er die Spur verloren hat oder weil er genug getan hat, muss er trotzdem verstehen, dass er gute Arbeit geleistet hat und die ist jetzt abgeschlossen. Ein gutes Ritual ist natürlich das ausführliche Loben und Belohnen mit einer tollen Futterbelohnung. Aber bei sehr arbeitseifrigen Hunden kann es sinnvoll sein, durch Wechseln des Geschirrs und / oder der Leine das Arbeitsende nochmal zu verdeutlichen.

Der Ernstfall:

Oben habe ich geschrieben, dass Sie in den seltensten Fällen zu einem ernsten Fall gerufen werden. Anerkannte Mantrailerhunde müssen einem Verein angehören und Prüfungen ablegen, bis sie tatsächlich eingesetzt werden. Trotzdem sollten Sie Ihr Training so aufbauen, als wäre es Ihnen bitter ernst. Denken Sie sich alle möglichen Situationen aus, um abzuprüfen, mit welchen Problemen ein Hund in diesem oder jenem Fall konfrontiert werden kann, und überlegen Sie gut, wie Sie ihm auf freundliche Art zeigen können, damit umzugehen. Wenn Sie das durchdacht angehen, kommen Sie auf viele Ideen, die das Training abwechslungsreich und vielfältig gestalten.

Individuelle Problemstellungen:

Gerade am Anfang sollten Sie sich von jemandem begleiten lassen, der Ihren Hund kennt. Sie sind viel zu beschäftigt damit, alles richtig zu machen, nichts zu vergessen und hinter Ihrem Hund herzulaufen. Manche Hunde bekommen Probleme, wenn sie im einsamen Wald arbeiten und plötzlich steht da jemand, weil Sie einen Freund gebeten haben zu filmen. Oder irgendwo ist ein „komisches" Geräusch. Sie selber können das übersehen, Ihr Begleiter nicht. Selbstverständlich sollte er sich mit dem normalen Verhaltensrepertoire von Hunden auskennen. In dem genannten Beispiel muss (!) Ihr Hund kontrollieren können, dass mit diesem Menschen neben dem Trail alles in Ordnung ist und keine Gefahr von ihm ausgeht. Erst dann kann er tatsächlich weiter arbeiten.

Dann könnte es sein, dass Ihr Hund Wasser braucht. Machen Sie eine kurze Pause, bieten Sie ihm Wasser an. In der Regel zeigen die Hunde selber an, wenn sie wieder fit sind. So gibt es – abhängig von Hund und Hundeführer – Problemstellungen, die man erkennen muss, da sonst ein sauberes Arbeiten nicht gewährleistet ist und der Hund im unerfreulichsten Fall keine Lust zum Trailen hat, nur weil wir etwas übersehen haben.

Es gibt leider nach wie vor Trainer, bei denen der Hund auf dem Trail nichts tun darf außer suchen. Falls Sie an so einen versehentlich kommen, verabschieden Sie sich bitte sofort. Natürlich darf ein Hund pinkeln, kacken, an der Spur eines anderen Hundes riechen, die Umgebung kontrollieren. Das kann er durchaus, ohne den Geruch zu verlieren und ohne zu vergessen, was er tun soll.

Im Kapitel „ Aufbau von Schwierigkeiten“ besprechen wir die individuellen Problemstellungen noch genauer.

Das Trailtagebuch:
Es ist immer sinnvoll, regelmäßig Tagebuch zu führen. Tragen Sie alles, aber auch alles ein, was mit dem Trail zu tun haben könnte: Wetterverhältnisse wie Luftfeuchtigkeit, Temperatur, Wind und Bodenverhältnisse wie Gelände, Boden feucht oder trocken, Trailverlauf usw.. Das kann Ihnen im weiteren Training Aufschlüsse darüber geben, wo und wann Ihr Hund besser oder schlechter, gründlicher oder nicht so genau sucht. Entsprechend können Sie dann auch die Problempunkte besser trainieren.

Zeichnen Sie sich den Verlauf mit allen Details so genau wie möglich auf, notieren Sie sich alle Punkte, die Ihnen aufgefallen sind, wer weiß, wozu Sie diese Information noch brauchen können. Und dann verspreche ich Ihnen: wenn Sie nach einiger Zeit gründlichen Trainings die Notizen vom ersten Seminar und den ersten zaghaften Versuchen durchlesen, freuen Sie sich, was Sie mit Bello mittlerweile alles geschafft haben und sind stolz auf Ihr gemeinsames Ergebnis.

Was Sie hier am besten verwenden, liegt bei Ihnen. Es gibt vorgefertigte Bücher, die ich in der Regel nicht so gut finde, da sie einem zu viel vorgeben und man deshalb gerne etwas vergisst. Manche meiner Kunden kommen damit wunderbar klar oder erstellen selber Formulare. Eines davon finden Sie am Ende des Buches. Ich mache mir in einem Schulheft Notizen und Skizzen. Da kann ich alles schreiben, was mir wichtig erscheint. Probieren Sie aus, was Ihnen besser zusagt.

Richtig loben und belohnen:
Während des Trails richtig zu loben, ist gar nicht so einfach. Das muss so erfolgen, dass Sie ihn nicht aus seiner Konzentration reißen, es soll aber ankommen. Eine meiner Hündinnen war sehr empfindlich auf jede Störung während des Suchens. Bei einer Fortbildung war die Trainerin der Meinung, ich würde zu wenig loben und hat ihr an einer schwierigen Stelle im wahrsten Sinn des Wortes ein „feines Mädchen, gut gemacht!“ um die Ohren geschleudert. Meine kleine Loni machte vor Schreck fast einen Salto rückwärts und hörte sofort auf zu suchen. Nach diesem Erlebnis habe ich mir generell angewöhnt, die Hunde mit einer ruhigen, eher tiefen und leisen Stimme zu loben, so dass der Hund zwar deutlich mitbekommt,

dass ich gerade sehr angetan bin von ihm, aber eben nicht gestört wird. Denn auch wenn er keinen Schock wie meine kleine Loni bekommt, ein zu begeistertes „fein gemacht!" kann bedeuten, dass er zurückkommt und seine Belohnung haben möchte.

Achten Sie auch gut darauf, wann Sie ihn loben. Wie Sie sehen werden, finden Sie auf einem gut vorbereiteten Trail einige Stationen, die Sie mit ihm abarbeiten. Wenn Sie zu früh loben, kann das zu Missverständnissen führen. So hat sehr fröhliches Loben an einer Verleitperson schon oft zur Verwirrung des Hundes geführt, da er dachte, er wäre jetzt richtig, obwohl der Gegenstand ganz anders roch.

Auf dem Trail wird also nach der erfolgreichen Erledigung einer Aufgabe der Hund ganz ruhig z.B. mit „guuut gemacht" gelobt. Am Ende, wenn Sie bei der Versteckperson angekommen sind und (!) er sie richtig angezeigt hat, können Sie einen Handstandüberschlag vor Begeisterung machen, denn das ist der Höhepunkt und muss entsprechend gewürdigt werden. Bei einem Hund, der sich leicht hochfährt, müssen Sie allerdings aufpassen, dass er nicht überdreht. Das Lob muss also immer so sein, dass es gut ankommt, den Hund erfreut, nicht stresst und ihn nicht am Weitermachen hindert.

Ihre Aufmerksamkeit:
Zum Schluss das Wichtigste: Bitte widmen Sie während der ganzen Arbeit Ihre komplette Aufmerksamkeit und Konzentration Ihrem Hund. Er arbeitet gerade intensiv und sehr konzentriert für Sie. Deshalb sind Sie dafür verantwortlich, dass er das auch ungestört und gut machen kann. Wenn er ein Problem bekommen könnte, müssen Sie das sofort merken und ihm helfen. Wenn er einen Fehler macht, müssen Sie umgehend eingreifen, damit er seine Arbeit erfolgreich beenden kann. Da geht es überhaupt nicht, dass Sie so nebenbei noch in der Welt rumschauen und sich mit Gott weiß was beschäftigen, mit der Begleitperson über sonst was unterhalten und Ihren Hund völlig aus den Augen verlieren. Die Leine ist nicht an Ihrem Hund dran, dass Sie unbesorgt sein können, sondern das ist die Verbindung zwischen Ihnen beiden, durch die Sie freundlich kommunizieren. Nur wenn Sie ihn die ganze Zeit gut im Auge behalten und aufmerksam beobachten, lernen Sie, „Ihren Hund zu lesen". Und nur wenn Sie Ihre Pelznase „lesen", sprich seine Handlungen richtig interpretieren können, werden Sie ein erfolgreiches Team.

Leine und Leinenhaltung

Die Leine, und wie Sie damit umgehen, hat einen großen Anteil an Erfolg oder Nichterfolg. Sie ist eine Verbindung zwischen Ihnen und Ihrem Hund, die der freundlichen Kommunikation und der Sicherung Ihres Hundes dient. Sie dient nicht (!) dazu, Ihren Hund zu korrigieren, zu maßregeln oder Sie in Sicherheit zu wiegen, damit Sie nicht auf ihn aufpassen müssen. Die Leine sollte am Anfang zehn Meter lang sein, fünf Meter sind zu kurz und eine zu kurze Leine kommt sehr schnell auf Spannung oder Sie latschen Ihrem Hund auf den Schwanz und treten ihm auf die Hacken. Eine zu lange Leine ist für Anfänger nicht sinnvoll, weil sie sich leicht verheddert, bzw. am Boden schleift und Sie und Bello behindert. Für spätere Zwecke kann sowohl eine kürzere für den Ortsbereich, als auch eine längere für den Außenbereich sinnvoll sein. Manche Hunde brauchen eine möglichst lange Leine, damit sie sich beim Suchen ungestört fühlen.

Die Leine sollte immer so lang wie möglich sein, damit der Hund sich so ungestört wie möglich bewegen kann, und der Hundeführer sollte darauf achten, dass der Hund an lockerer, höchstens leicht gespannter Leine in seinem Tempo nicht zu schnell ohne Störung arbeiten kann. Eine der Hauptstörungen ist ein nervöser Mensch, der seinem Hund ständig hintendran hängt und pausenlos auf ihn einredet.

Wenn Sie, wie man leider immer wieder sieht, die Leine nur mit einer Hand halten, haben Sie nicht wirklich genug Zeit einzugreifen, falls es notwendig werden sollte. Es könnte also, wenn er plötzlich los sprintet, passieren, dass er Ihnen die Leine aus der Hand reißt. Außerdem erzeugt das Halten mit einer Hand eine leichte Drehung vom Hund weg, da Sie normalerweise nicht im Schlenderschritt sondern eher zügig unterwegs sind. Für den Hund, der Körpersprache sehr ernst nimmt, kann das ein Hinweis darauf sein, dass Sie sich nicht dafür interessieren, was er macht. Das widerspricht aber dem Gedanken von Teamwork. In manchen Gegenden können Sie die Leine nicht schleifen lassen, in der Stadt müssen Sie sie aufnehmen. Manche Trailer nehmen sie immer auf und das hat durchaus Vorteile. Wie aber wollen Sie in einer Hand die aufgerollte Leine in der richtigen Länge halten und evtl. ihn auch mal abstoppen, wenn Sie nur eine Hand dran haben? Beide Hände gehören immer an die Leine, das ist ein absolutes Muss.

Im Ortsbereich ist die Leine kürzer aber trotzdem locker

Je nachdem wie stark sich Bello ins Zeug legt und dadurch die Leine straffer macht, teilt er uns verschiedene Dinge mit. Beim Losgehen bleiben Sie bitte solange stehen, bis er eine ganz klare Richtung vorgibt, dazu kann die Leine schon mal ein bisschen stramm werden. Auf alle Fälle muss er sich wirklich – wenn es sein muss mit straffer Leine – gegen Sie durchsetzen, wenn er die richtige Spur hat. Falls Sie zu früh und / oder mit zu lockerer Leine hinterher gehen, kann passieren, dass Sie ihn in die falsche Richtung drücken oder ihn am Kontrollieren hindern. Solange er sich noch nicht sicher ist, geben Sie ihm möglichst die ganze Leinenlänge, bleiben Sie entspannt aber aufmerksam stehen und beobachten Sie ihn genau, damit Sie ihm im richtigen Moment folgen, bzw. verstehen, wenn er keinen Geruch aufnehmen konnte.

Am Ende des Trails, wenn wir in die Nähe unserer gesuchten Person kommen, ziehen so gut wie alle Hunde. Das sollen sie jetzt ruhig tun, da das ein eindeutiges Anzeigeverhalten ist. In manchen Fällen kann es sinnvoll sein, die Leine loszulassen, damit er einfach hinlaufen kann. Eventuell haben Sie eine so lange Leine, dass Sie nachgeben können. Auf gar keinen Fall darf ich einen Hund daran hindern, zu der gesuchten Person zu laufen.

In meinen Augen ist es ein absolutes Unding, dass manche Trainer auf der Strecke grundsätzlich mit straffer Leine arbeiten. Wenn die Strecke erst mal in den Kilometerbereich kommt, kriegen Sie ernsthafte Probleme mit dem Rücken und den Schultern. Außerdem muss Bello Sie dauernd mitschleppen, das wirkt nicht konzentrationsfördernd. So eine Gezerre macht auch keinen besonders profimäßigen Eindruck und zusätzlich ist es nicht sehr geistreich, im Alltag an der Leinenführigkeit zu arbeiten und beim Mantrailing den Hund permanent ziehen zu lassen. Deshalb soll Bello auch lernen, in einem Tempo zu laufen, in dem Sie gut mitkommen können. Sie müssen ja nebenbei noch irgendwas von der Welt mitbekommen, z.B. sollten Sie nahe an ihm dran sein, wenn Sie an eine unübersichtliche Kreuzung kommen, damit er nicht ungebremst in Passanten hineinläuft.

Die Leine sollte also im Normalfall nur so viel Spannung haben, dass sie als freundliche Verbindung zwischen Ihnen und dem Hund dient. In der Regel ist sie locker, schleift aber nicht am Boden, da die Verbindung sonst unterbrochen ist. Sobald die Leine am Boden schleift, holen Sie sie ein. Beachten Sie, dass Sie immer hinter dem Hund sind und nie vor ihn kommen. Die ideale Leinenlänge haben Sie dann gewählt, wenn der Hund ungestört arbeiten kann, die Leine locker durchhängt, den Hund nicht behindert und Sie jederzeit in der Lage sind, die Leine zu verkürzen oder mehr Leine zu geben. Machen Sie ca. 1 Meter vor Ende der Leine einen Knoten hinein, damit Ihnen die Leine nie aus der Hand gleitet.

Es gibt im Handel sehr gute Leinen zu kaufen, wichtig ist, dass die Leine nicht zu schwer ist. Wie viel sie wiegt, wissen Sie erst, wenn Sie die Leine hinter sich herziehen. Bis zu 10 Meter ist das meistens kein Problem, aber wenn Sie viel im außerstädtischen Bereich arbeiten, in Parks oder auf Wiesen und in Wäldern, dann brauchen Sie vermutlich bald eine längere Leine. Ich empfehle dann, Jalousieband in der gewünschten Länge zu kaufen und einen Karabiner daran abreißsicher zu befestigen. Diese Leinen sind leicht, sie verwickeln sich nicht so ohne weiteres und preislich macht das keinen großen Unterschied. Bei diesen Leinen benötigen Sie sicher Fahrradhandschuhe, das ist aber auch der einzige Nachteil.

Im Übungsgebiet geht der Hund **immer** an der Leine, vor allem wenn Sie gerade zum Training gehen oder davon kommen.

Sollten Sie jemals mit Leinenruck gearbeitet haben, werden Sie jetzt merken, dass das keine gute Idee war. Hunde, die den Leinenruck als schmerzhafte Korrektur erlebt haben, bleiben sofort bei jedem Ruck der Leine stehen und trauen sich nicht weiter. Bei diesen Hunden müssen Sie also besonders darauf achten, die Leine immer locker zu halten.

Aufbau von Schwierigkeiten

Die ersten Trails sind nicht länger als 40 – 100 Schritte (abhängig vom Hund) und liegen maximal fünf Minuten. Die erste Schwierigkeit bei Aufbau mit Schleppe ist der Abbau der Schleppe, dann wird die Kontrollperson eingeführt, danach die Liegedauer erhöht, schließlich wird die Distanz erhöht. Man kann immer nur eine Variante ändern: *entweder* die Zeit *oder* die Distanz *oder* das Gelände *oder* die Art des Untergrunds.

Die Kontrollperson (für Variante 1):
Wenn Ihr Hund begriffen hat, in der Regel nach der 3. Schleppe, dass es eine feine Sache ist, der Spur der Versteckperson zu folgen, können Sie die Kontrollperson einführen. D.h. eine zweite Person geht neben der Versteckperson um ab zu prüfen, ob Ihr Hund die Aufgabe verstanden hat. Die beiden Personen sollten für den Hund gleichwertig sein, also gleich neutral oder gleich nett. Vermeiden sollten Sie Menschen, die es Ihrem Hund schwer machen, z.B. Ehepaare / Verwandte, weil sie ähnlich riechen, oder die er nicht mag. Beide Menschen stehen eng nebeneinander am Abtritt, beide kratzen vor dem Losgehen und gehen dann gemeinsam ca. 30 Schritte los, dann drehen sie sich den Rücken zu und gehen getrennt weiter. Diese Stelle muss markiert werden. Die Versteckperson geht ca. 30 Schritte weiter und beendet den Trail wie bei den Schleppen, die Kontrollperson geht auch eine ganze Strecke weiter, damit sie nicht zu nahe am Trail zurückgeht und dadurch den Hund unnötig irritiert.

Wenn Sie jetzt Ihren Hund ansetzen, ist es wichtig, dass Sie ihn an der Leine nicht zu weit vorlassen. Falls er am Trennungspunkt der Kontrollperson folgt, weil er die eben doch lieber mag, bleiben Sie einfach stehen und warten, bis er zurückkommt. Dann warten Sie, bis er der richtigen Person folgt und loben ihn mit ruhiger Stimme. Die deutliche Mehrheit der Hunde folgt ohne zu zögern der richtigen Person. Auch das loben Sie mit ruhiger Stimme. Es schadet nichts, wenn Sie diese Situation öfter variieren, bevor Sie im Aufbau weitermachen. So können Sie die beiden Personen beim nächsten Training austauschen, d.h. die Kontrollperson vom letzten Mal ist dann die „richtige". Denn das ist genau das, was Sie möchten: suche einen Geruch unter anderen heraus und folge ihm. Sie müssen ganz sicher sein, dass Ihr Hund das begriffen hat und müssen diesen Punkt im weiteren Training immer abfragen.

Training mit (fremder) Versteckperson (Aufbau mit Schleppe):
Sie werden feststellen, dass es für Ihren Hund eine ganz andere Nummer ist, wenn die Versteckperson am Ende sitzt. Am Anfang liegt dort in der Regel nur der Dummy. Sollten Sie ernsthaft daran denken, jemals wirklich verloren gegangene Menschen zu suchen, dann muss Ihr Hund auch so schnell wie möglich daran gewöhnt werden, dass tatsächlich jemand dort sitzt. Für einen Hund hat ein relativ unbeweglich sitzender Mensch etwas bedrohliches. Führen Sie ihn langsam heran, loben Sie ihn für jeden Schritt und lassen Sie ihm soviel Zeit, wie er braucht, um mit dieser schwierigen Situation klar zu kommen. Vielleicht ist es für ihn leichter, wenn Sie zuerst mit dieser unheimlichen Gestalt Kontakt aufnehmen, so kann er sicher sein, dass hier keine Gefahr lauert. Das ist der wichtigste Moment, diesen Teil der Arbeit muss ihr Hund als krönenden Abschluss empfinden. Lassen Sie ihn auch immer wieder mal Menschen suchen, die er nicht oder doch nur flüchtig kennt. Wenn immer nur Tante Anna auf ihn wartet, wird er sich ganz schön wundern, und evtl. nicht hingehen, wenn plötzlich ein Fremder dasitzt. Ebenso lernt er jetzt, dass der Gefundene mit zurück geht. Das bedeutet für ihn dann automatisch, dass die Arbeit beendet ist.

Verleitpersonen / Kontrollpersonen:
Was ist das wirklich Entscheidende im Training? Der Hund soll lernen, die gesuchte Person von allen anderen eindeutig zu unterscheiden. Darauf kommt es an und das wird in jedem Training mit unterschiedlichen Variationen abgefragt. Wenn Sie einen souveränen Hund haben, der sich nicht so schnell irritieren lässt, können Sie sehr schnell Verleitpersonen in der Nähe des Trails positionieren. Dabei hat es sich bewährt, wenn diese Personen einfach offen rumstehen, sie verstecken sich nicht, sondern sind eben da. Im Kapitel „Trainingsmöglichkeiten" wird das genauer beschrieben. Aber Sie müssen im Hinterkopf behalten, dass das der entscheidende Punkt beim Trailen ist: unterscheide die gesuchte Person von allen anderen. Deshalb müssen Sie spätestens ab dem zehnten Trail damit beginnen.

Geländewechsel:
Der erste Geländewechsel findet meistens schon im Wald statt, ohne dass Sie oder der Hund das merken. Sie sollten aber trotzdem darauf achten, dass die ersten Trails nicht gerade im dichtesten Heidekraut oder auf sehr trockenem Waldgrasboden gelegt werden. Ideal wäre ein weicher Moosuntergrund, der ein bisschen feucht ist. Wenn Sie bewusst den Geländewechsel trainieren, überlegen Sie sich eine Reihenfolge mit Wechseln, die

bei Ihnen am häufigsten vorkommen. Fangen Sie mit einem einfachen Übergang über einen Weg an, legen die Trails dann bewusst durch Heidekraut und Unterholz, solange sich alles im Wald abspielt, ist das kein Drama.

Schwieriger wird es schon, wenn Sie den Wechsel von Wald in offenes Gelände und umgekehrt aufbauen, Straßen überqueren oder in den Ortsbereich wechseln. Gehen Sie jedes neue Gelände langsam an, z.B. sollte beim Wechsel vom offenen Gelände in den Wald bedacht werden, dass Hunde vor einem dicht bewachsenen Waldrand oft wie vor einer Mauer stehen. Suchen Sie also einen relativ einfachen Einstieg und legen Sie direkt am Waldrand die Belohnung hin. Es macht überhaupt nichts, wenn Sie den Dummy oder die Versteckperson so positionieren, dass er sie anfangs sieht. Wiederholen Sie das 2-3 Mal und bringen danach den Dummy, bzw. die Versteckperson außer Sichtweite weiter in den Wald hinein.

Ein kleiner Hund steht vor einem Waldrand wie vor einer Wand

Im Ortsbereich müssen Sie sich gut überlegen, dass bei jedem Wechsel von z.B. Gartenzaun, Hausmauer, Straßenmündung, usw. die Geruchsverhältnisse andere sind. Unterschiedliche Untergründe haben verschiedene Temperaturen, einen anderen Eigengeruch, der sich mit dem Geruch der Versteckperson vermischt, die Thermik kann anders sein .... Lassen Sie sich Zeit, damit sich Ihr Hund daran gewöhnt, auch unter wechselnden Bedingungen den Trail gut auszuarbeiten.

Untergrund:
Idealer Untergrund ist weder zu trocken noch zu nass, weder zu heiß noch zu kalt, weder zu hart noch zu weich. Am schwierigsten ist glatter, harter, trockener, kalter Boden, z.B. Beton, Asphalt, Fliesen. Dann folgen: festgetretener oder festgefahrener Boden wie Forststraßen, Schotterwege, Trampelpfade, abgetrockneter Sand, steiniger Untergrund, Moorboden => einsinken im Wasser (auch sehr nasse Wiesen), fließende Gewässer.

Hier sind Sie sehr oft gefordert. Nehmen wir an, Ihr Hund führt Sie sicher bis an eine überschwemmte Wiese, dort verliert er die Spur und wird deutlich unsicher. Jetzt sind Sie dran. Er bekommt das Signal für „Pause", damit er aufhört zu suchen. Bei einem stark motivierten Hunde kann Ihnen sonst passieren, dass er sucht und sucht und sucht und irgendwann total frustriert und erschöpft aufhört. Das ist überflüssig. Wenn Sie sich jetzt überlegen, welche Richtung die wahrscheinlichste ist, dann gehen Sie mit ihrem Hund dorthin, geben ihm sein Suchsignal und er kann sich wieder einsuchen. Falls Ihre Entscheidung falsch war, suchen Sie eben in der nächsten wahrscheinlichen Richtung. Wird er da auch nicht fündig, dann hat er bis jetzt gut gearbeitet und verdient ein dickes Lob und seine Belohnung.

Was macht die Suche schwer?

- Blaubeergestrüpp, Rüben- und Rapsfelder
  => alles was den Boden abdeckt und intensiv riecht
- Stauhitze
- starker Niederschlag wie Regen oder Schnee
- extreme Temperaturen
- extreme Wechsel, z.B. vom Kalten ins Warme

Eigentlich wissen wir nicht genau, was einen Hund wann stört. Man bekommt das aber heraus, indem man seinen Hund genau beobachtet und sich merkt, wo er gut und wo er schlecht gesucht hat. Das größte Problem für einen Hund ist ein unsicherer, unaufmerksamer Hundeführer, der alles besser weiß, ihn pausenlos korrigiert, ihm die Ohren vom Kopf quatscht und dabei auch noch auf die Hacken tritt. Womöglich passt er nicht auf und unterstellt dem Hund unfähig zu sein oder ihn zu „verarschen". Ich gehe nicht davon aus, dass Sie so denken, sonst hätten Sie sich nicht bei meinem Seminar angemeldet, bzw. dieses Buch gekauft. Aber falls Sie mal jemanden kennenlernen, der in diese Kategorie fällt, beobachten Sie ihn und seinen Hund gut und überlegen Sie sich, was der Grund für die Ergebnisse der beiden sein könnte.

Wetter:
Das ideale Wetter zum Suchen ist bei ca. 18-20°, windstill, Luftfeuchtigkeit von ca. 60-70%, evtl. bedeckt, nicht zu sonnig. Hohe Luftfeuchtigkeit ist meistens nicht problematisch, aber schwüles, feuchtes Wetter strengt die Hunde sehr an und sie arbeiten nicht gerne. Zudem verändert sich der Geruch bei schwülwarmem Wetter sehr schnell. Niederschlag wie Regen schwemmt den Geruch weg, Schnee deckt ihn ab. Wind verweht den Geruch, entweder vom Hund weg oder zum Hund hin, oder so extrem auf die Seite, dass der Hund ein Problem hat, den Trail zu finden.

Zum Trainieren sollten Sie gerade bei Anfängern einigermaßen darauf achten, dass das Wetter passt, da ein frustrierter Hund auf Dauer nicht gerne arbeitet, und schwierige Wetterverhältnisse können die Arbeit außerordentlich erschweren. Da man nicht bei jedem Wetter das Training absagen kann, passt man gegebenenfalls das Training entsprechend an. Die Trails werden kürzer oder man lässt sie nicht so lange liegen.

Interesse an Spuren:
In der ersten Zeit des Trainings nimmt das Interesse an Spuren natürlich stark zu. Der Hund wird auf gar keinen Fall geschimpft oder mit „Gewalt" davon abgehalten, einer Spur zu folgen, er wird durch bekanntes Trainingsgebiet immer an der Leine geführt, gesichert, kurz gelobt und dann weitergeführt: „Bello, wir gehen hier weiter". Für das Mitkommen wird er ebenfalls gelobt. Mit der Zeit, spätestens nachdem Bello das Anfangsritual begriffen hat, weiß der Hund, dass nicht jeder Trail für ihn gelegt wurde.

Trainingsvariationen

Sie müssen im Kopf behalten, wie Bello die richtige (!) Spur verfolgt. Das müssen Sie immer und immer wieder kontrollieren, damit Sie sich sicher sind, dass Sie sein Verhalten richtig interpretieren. Manch ein Hund ist leicht ablenkbar und einige kommen dann eben nicht von alleine auf den Trail zurück. Wenn Sie das nicht unterscheiden können, wird es schwierig. Wenn Sie das aber lernen und gut beherrschen, verstehen Sie Ihren Hund besser – und zwar nicht nur beim Trailen.

Es gibt sehr interessante Möglichkeiten, wie man das abprüfen kann. Einige beschreibe ich im folgenden, aber es gibt auch viele nachahmenswerte Anregungen im Internet, auf Seminaren und in Büchern. Prüfen Sie sie immer auf Alltagstauglichkeit, damit Ihr Bello nicht etwas lernt, was Sie normalerweise nicht wollen, wie Verbellen oder Anspringen, oder passen Sie die Vorschläge Ihren Gegebenheiten an.

Verleitpersonen:
Das sind die Menschen, die am Wegesrand und / oder in der Nähe der Versteckperson stehen, die er kontrollieren darf und auch soll. Merken Sie sich genau, was er dort macht. Manche Hunde werfen einen kurzen Blick hin und alles ist klar. Manche wollen direkt hin und sich genau überzeugen. Manche machen einfach einen kleinen Bogen zu der Person hin und gehen vorbei, vor oder hinter ihr, dort wo sie den Geruch am intensivsten erfassen können. Was macht Ihr Hund? Hat er ganz andere Ideen? Sehr gut, beobachten Sie ihn wieder und wieder, damit Sie wissen, was er wann wie zeigt.

Bei unseren Trainings gehen in der Regel die Versteckperson und die Verleitpersonen gemeinsam los, die Verleitpersonen bleiben an den angewiesenen Orten stehen. Eine Variante kann sein, dass sie von irgendwo herkommen, der Geruch also nicht von Beginn an für den Hund erkennbar ist. Eine andere Möglichkeit ist, dass sie mit Abstand losgehen. Eine weitere Variante für Fortgeschrittene kann sein, dass sich eine Verleitperson entfernt und der Hund ihr nachgehen muss, um sie zu kontrollieren. Dazu darf sie natürlich nicht wegrennen, sondern sich nur langsam bewegen.

Ähnlicher Geruch macht es für Hunde auch schwer. Deshalb bietet es sich bei Fortgeschrittenen an, einen Ehepartner oder nahen Verwandten (Elternteil, Kinder oder Geschwister) als Verleitperson einzusetzen.

Eine sehr interessante Möglichkeit für richtige Profis kann sein, wenn man eine Verleitperson mit der Versteckperson die Jacke oder den Pullover wechseln lässt. Das dürfen Sie aber erst machen, wenn Ihr Bello richtig gut sucht, sehr zuverlässig ist und Sie es auch aushalten, wenn er mal etwas nicht so gut macht. Denn hier könnte es durchaus passieren, dass er damit nicht klar kommt. Also: auf gar keinen Fall bei Anfängern und unsicheren Hunden austesten.

Wer geht zuerst?
In einer meiner Gruppen sind zwei Hunde, die sich sehr gerne mögen. Für den Rüden ist allerdings das Suchen so wichtig, dass er sich von dem feinen Geruch seiner Freundin nicht ablenken lässt. Die Hündin sieht das etwas anders. Sie muss deshalb so lange als erste ihre Trails laufen, bis sie im Training gefestigt ist und sich auch von der Spur ihres Freundes nicht ablenken lässt. Das kann man ganz gezielt immer wieder abprüfen und damit auch feststellen, wie weit der Hund im Training ist.

Einer unter mehreren:
Wenn Sie in einer Gruppe mit mehreren Mensch-Hund-Teams arbeiten, können Sie mit folgender Übung das Folgen der richtigen Geruchsspur üben. Sie suchen sich eine eher kurz gemähte Wiese mit Waldrand, idealerweise bei windstillem Wetter. Sehr gut eignen sich milde Wintertage und niedriger, weicher Schnee, da Sie die Fußspuren gut sehen können. Alle Versteckpersonen gehen parallel los. Nach einem genauen Schema biegt eine nach der anderen im 90°Winkel ab, überquert die Spuren der übrigen und versteckt sich im Wald. Jetzt kann jedes Mensch-Hund-Team der Reihe nach „seine" Versteckperson suchen und Sie haben automatisch jede Menge Verleitungen. Um sicher zu gehen, dass die Hundeführer nicht aus Versehen ihren Hund falsch laufen lassen, kann man die Spuren noch mit farbigen Tüchern kennzeichnen, beim richtigen (!) Anzeigen (Zwischengegenstand) kann gelobt und belohnt werden.

Stern:
Eine sehr gute Variante, das Differenzieren von Gerüchen zu trainieren, ist der sog. Stern. Mehrere Personen gehen sternförmig auseinander und verstecken sich, z.B. hinter Bäumen oder im Gebüsch. Der Trail ist dann relativ kurz und endet bei der richtigen Versteckperson. Da die anderen auch stehen bleiben, haben wir hier eine gute Möglichkeit,Verleitpersonen einzusetzen.

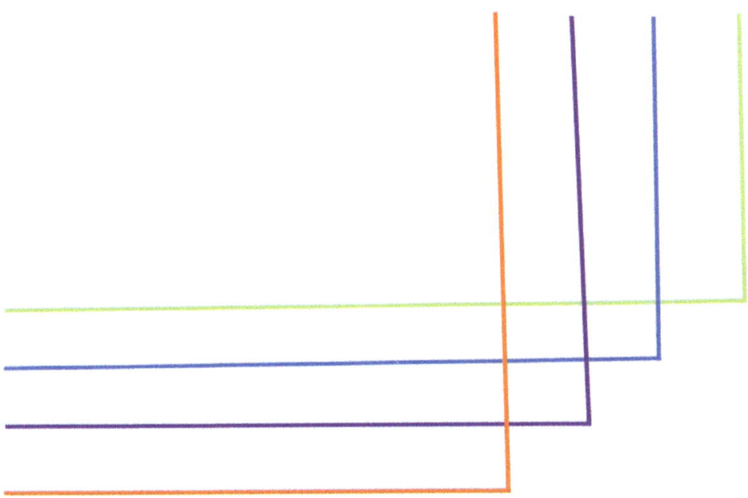

Einer unter mehreren

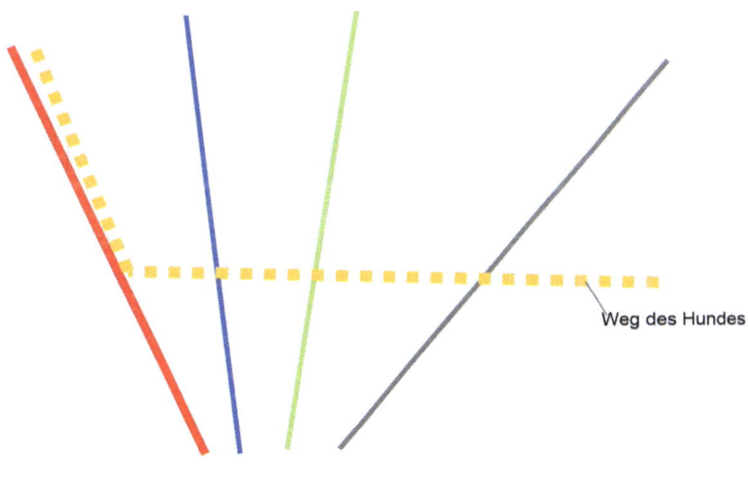

Stern

Bei Fortgeschrittenen kann man alle Versteckpersonen auf den Stern schicken und sofort die Trails laufen lassen. Damit haben Sie mehrere Möglichkeiten zum Abprüfen: der erste Hund ist der unsicherste, der sich am leichtesten ablenken lässt. Für ihn heißt es nur, die richtige Spur zu finden und sich dann nicht vor den anderen Menschen (= Verleitpersonen) zu erschrecken, sondern sie in Ruhe zu kontrollieren. Die folgenden Hunde haben zusätzlich zu den anderen Versteckpersonen als Verleitung noch den Geruch der Hunde, die vor ihnen dran waren, den Geruch der Hundeführer und Begleitpersonen. Sie sind schon deutlich mehr gefordert.

Der Hund bekommt den Geruchsartikel so, dass möglichst kein Geruch an ihn herangeweht wird. Dann gehen wir quer über die Spuren drüber. Die sollten so gelegt und evtl. markiert oder abgesprochen sein, dass Sie sicher wissen, wer wo gegangen ist. Auch das kann man wieder mit farbigen Tüchern absichern. An der richtigen Spur sollte Bello ohne zu zögern abbiegen und der Spur zügig folgen. Ich organisiere das so, dass die vorletzte oder letzte der richtige Trail ist. Wie bei „einer unter mehreren" können Sie das als Ausgang für verschiedene Mensch-Hund-Teams nutzen.

Kreuzungen (Wald / Park):
Auch Kreuzungen sind eine gute Möglichkeit für Differenzierungstraining. Die Versteckperson geht die ganze Kreuzung aus, als wäre sie nicht sicher, wo sie genau hin möchte.

Stellen Sie nach den ersten erfolgreich abgearbeiteten Kreuzungen zuerst eine Verleitperson und nach und nach mehr in die Nähe oder in die Kreuzung. Vor der Kreuzung werden Sie etwas langsamer, bremsen ihn sanft ab und hangeln sich an der Leine näher zu ihm hin. Dann bleiben Sie vor der Kreuzung stehen und geben ihm genügend Leine, damit er alles gründlich absuchen kann.

Jedes Mal, wenn er zurück kommt, loben Sie ihn ruhig. Falls er unsicher ist, können Sie das Kontrollsignal geben. Achten Sie darauf, dass Sie ihn beim Zurückkommen nicht blockieren, sondern seitlich zu ihm stehen. Zeigen Sie dorthin, wo er nachsehen soll und sagen Sie das Kontrollsignal. Das kann sein: „Kontrolle", „kuck mal hier" „check".... da können Sie kreativ werden. Es bietet sich an, ein Wort zu verwenden, das Sie nur dafür verwenden.

Backtrails:
In vielen Büchern werden Backtrails als eine der schwierigsten Problemstellungen behandelt, dabei ist das eine ganz einfache Sache. Bei einem Backtrail handelt es sich um eine Spur, die z.B. einige Meter in eine Einfahrt hineingeht und genauso wieder heraus. Es handelt sich um nichts anderes als eine Kontrolle, die Ihr Hund an einer möglichen Abzweigung welcher Art auch immer machen soll. Manche Hunde verstehen das so schnell, dass sie sofort wissen, wenn die Versteckperson weitergegangen ist und kontrollieren nicht unbedingt. Einige Trainer bestehen darauf, dass der Hund trotzdem nachsieht, ich sehe das etwas lockerer und glaube dem Hund, dass er schon weiß, was er da macht.

Backtrails kann man immer wieder einbauen, mal nach rechts, mal nach links. Sie müssen bei der Kontrolle darauf achten, dass Sie nicht frontal sondern seitlich zum Hund stehen, damit Sie ihn nicht blockieren.

Negativanzeige:
Die Negativanzeige bedeutet nichts anderes, als die Meldung: bis hier ist die gesuchte Person gegangen und jetzt ist sie weg oder hier ist sie nicht gewesen. Um das richtig interpretieren zu können, üben Sie den falschen Ansatz, bzw. Negativansatz.

Negativansatz:
Ich fange das immer so an, dass ich vor dem eigentlichen Trail mit dem Hund an eine Stelle gehe, wo der Gesuchte sicher nicht war. Achten Sie bitte gut darauf, dass vom richtigen Trail ganz sicher kein Geruch an diese Stelle getragen wird. Dort zeige ich dem Hund den Gegenstand. Die Reaktionen sind unterschiedlich. Manche Hunde bleiben einfach stehen und schauen ratlos. Wenn Ihr Bello das grundsätzlich so macht, würde mir das ausreichen. Manche fangen hektisch an zu suchen. Bei ihnen muss man aufpassen, dass sie sich nicht „tot"suchen. Ich lasse ihn also einige Stellen in meiner Nähe absuchen, bleibe ruhig stehen, gebe Leine und drehe mich mit dem Hund. Nach kurzer Zeit rufe ich ihn zu mir, lobe und belohne ihn und er bekommt das Pausensignal. Denn jetzt soll er nicht weitersuchen, aber er hat eine Belohnung dafür verdient, dass er mir die richtige Mitteilung gemacht hat.

Wenn Sie dann mit ihm zum richtigen Trail gehen, kann es passieren, dass er ohne Signal anfängt zu suchen. Bleiben Sie einen Moment ruhig stehen und bieten Sie ihm den Gegenstand an, den die meisten Hunde allerdings nicht mehr wollen. Dann geben Sie das Suchsignal, warten bis er sich eingesucht hat, überzeugend eine Richtung anzeigt, loben ihn und gehen los.

Negativanzeige während des Trails:
Manchmal verliert ein Hund den Geruch, obwohl der Trail noch nicht zu Ende ist. Das müssen Sie erkennen und ihm helfen. Sie müssen das richtig üben, sonst verstehen Sie ihn nicht. Lassen Sie Ihre Versteckperson ruhig mal von einer extremen Zone in eine andere laufen, z.B. von der Sonne in den Schlagschatten, wo es gleich einige Grad kühler ist. Loben Sie ihn, wenn er deutlich zeigt, dass er den Geruch verloren hat, gehen Sie mit ihm an eine Stelle, wo er den Geruch wieder findet, z.B. hinterlässt Ihre Versteckperson an einer windgeschützten Stelle einen Zwischengegenstand, loben Sie ihn fürs Kontrollieren und warten, bis er sich wieder eingesucht hat.

Wenn Sie jemand sind, der gerne alles kommentiert, dann denken Sie sich eine Mitteilung an Bello in dem Sinn aus: „riechst du nichts mehr? Sollen wir mal zusammen nachsehen?" Es ist ganz egal, was Sie da sagen. Für Ihre Pelznase ist einfach wichtig, dass Sie ihn verstanden haben und ihm jetzt helfen.

Manchmal kann es aber auch passieren, dass der Geruch wirklich weg ist und er ihn nicht wieder findet. Loben und belohnen Sie ihn ausführlich für die bisher geleistete Arbeit und überlegen Sie, was schief gelaufen ist. Vielleicht war der Trail zu lang oder zu schwer, Ihr Hund nicht ganz fit, Sie unaufmerksam ... egal, er hat bis hier gut gearbeitet und nächstes Mal machen Sie es besser.

Negativanzeige am Ende des Trails:
In der Realität kann es durchaus vorkommen, dass die gesuchte Person am Ende des Trails nicht gefunden wird, weil sie in ein Auto gestiegen und weggefahren ist. Sie können das ganz einfach nachmachen, indem Sie die Versteckperson am vereinbarten Punkt abholen lassen. Manche Trainer empfehlen zu Beginn einen Gegenstand zu hinterlassen, damit der Hund irgendwas findet. Das sollte man besonders bei Anfängern so machen. Zuerst kann dieser Gegenstand etwas größer sein, mit der Zeit reicht ein Papiertaschentuch, das mit einem Stein beschwert wird, damit es nicht weg fliegt. Aber ich habe gute Erfahrungen damit, dass der Geruch einfach aufhört. Zuerst sind die Hunde etwas verwirrt und sie bekommen Zeit, sich

ausreichend zu vergewissern, dass dieser Mensch tatsächlich verschwunden ist. Dann wird wieder ausgiebig gelobt und belohnt.

Gelände absuchen:
Üblicherweise wird ein großes Gelände so abgesucht, dass der Hund solange durchgeführt wird, bis er eine Spur gefunden hat. Das kann bei einem großen Gelände wie z.B. einem Parkplatz am Einkaufscenter bedeuten, dass Bello schon komplett erschöpft ist, bis er endlich an der richtigen Spur angekommen ist. Hier ist wieder Ihr Verstand gefragt. Es ist mehr als unwahrscheinlich, dass eine Person, die auf einem Parkplatz war, dort überall herumläuft. Sie könnte einen Ausgang genommen haben oder sie ist ins Einkaufscenter gegangen. Dazu brauchen Sie das Pausensignal.

Sie fahren mit Bello auf den Parkplatz, holen ihn aus dem Auto, machen Ihr Anfangsritual entweder am Auto oder an einem der Ausgänge, er findet dort nichts, es folgt das Lob und eine Belohnung und Sie geben ihm das Pausensignal. Dann gehen Sie zur nächsten möglichen Stelle. Bei einem Anfänger, bzw. beim ersten Training dieser Art sollte hier auch der Trail beginnen. Solche Trails sind eher kurz, d.h. die Versteckperson läuft nur eine kurze Strecke. Je öfter und genauer Sie das trainieren, um so besser versteht er, was Sie mit dem Pausensignal bewirken möchten. Sie können mit ihm dann ein wesentlich größeres Gebiet absuchen, ohne ihn zu überfordern.

Geruchspool:
Als Geruchspool bezeichnet man eine Stelle, an der der Geruch sehr intensiv ist, z.B. dort wo die Versteckperson die Markierung angebracht und sich länger aufgehalten hat, z.B. hat sie sich einen Moment hingesetzt. Vergleichbar ist das bei der Jagdhundeausbildung mit dem Wundbett. Manche Hunde sind zu Beginn davon etwas irritiert und wissen nicht unbedingt, wie sie weitermachen müssen. Hier helfen Sie ihm mit dem Kontrollsignal oder sagen Sie Ihr Signal für „such weiter“. Falls Ihre Susi sich überhaupt nicht losreißen kann, holen Sie sie freundlich zu sich, entfernen sich ein kleines Stück mit ihr und warten ab, was passiert. In der Regel suchen sich die Hunde ganz schnell wieder ein. Für die meisten Hunde ist es nur eine Möglichkeit, eine Stelle genauer abzusuchen und dann weiterzumachen.

Versteckperson im Auto:
Eine sehr interessante Variante des Trailendes ist es, wenn sich die Versteckperson in ein parkendes Auto setzt. Beim ersten Mal sollte der Hund immer

auf die Seite zugehen, auf der sie sitzt und die Türe sollte offen stehen. Bei Wiederholungen wird sowohl die Türe geschlossen als auch der Hund an die andere Seite herangeführt. Natürlich kann es sein, dass er dann einfach das Auto anzeigt. Bitten Sie die Person auszusteigen und loben und belohnen Sie ihn. Weitere Varianten sind Parkplätze mit mehreren Autos, zwischen denen zunehmend Verleitpersonen stehen, oder ruhige Nebenstraßen, in denen Autos parken.

Durch eine Gruppe laufen:
Wenn Menschen in Gruppen stehen, gehen die meisten Hunde lieber außen vorbei. Mantrailerhunde sollen aber diese Gruppen kontrollieren, ob die gesuchte Person dabei ist oder nicht. Deshalb müssen Sie immer mal wieder Ihre Verleitpersonen so hinstellen, dass Ihr Hund durch diese Gruppe durchlaufen muss. Anfangs stehen die Personen sehr weit auseinander oder in einer Reihe nebeneinander, damit es ihm leicht fällt. Später rücken sie immer mehr zusammen. Idealerweise findet er anschließend schnell seine Versteckperson. Das wirkt motivationsfördernd.

Gebäude aussuchen:
In der Regel suchen unsere Hunde im freien Gelände und nicht in Gebäuden. Man kann das aber mit einbeziehen. Für Hunde ist das extrem schwer. Sie müssen sich das vorstellen wie bei einem Brillenträger, der von der Kälte in einen feuchtwarmen Raum kommt: die Brille beschlägt und er ist so gut wie blind. Durch den Temperatur- und Luftfeuchtigkeitsunterschied riecht der Hund erst einmal nichts. Er braucht ein wenig Zeit zum Eingewöhnen. Ich beginne bei Gebäuden immer damit, dass wir zuerst in einem Raum suchen, der ähnliche Bedingungen wie das freie Gelände aufweist, das kann eine Garage oder eine überdachte Terrasse oder etwas ähnliches sein.

Wenn Ihr Hund das gut bewältigt, nehmen Sie Hausflure dazu, bei denen die Türen anfangs offen stehen, dann erweitern Sie allmählich auf die Zimmer. Irgendwann bauen Sie Treppen mit ein. Das stellt für Hunde ein besondere Herausforderung dar und manche zeigen zwar an, dass die Versteckperson hier hoch gegangen ist, wollen aber selber nicht die Treppe hoch gehen. Entweder, wenn Ihr Hund klein ist, tragen Sie ihn hoch, oder Sie gehen selber und sehen nach. Egal, ob er die Treppe nimmt oder nicht, er hat jedenfalls seine Belohnung verdient.

Aber denken Sie immer daran, dass der Wechsel vom Freien ins Haus wirklich schwierig ist für Hunde und falls es Ihrem Bello zu schwer fällt, verzichten Sie lieber darauf. Für Anfänger ist diese Übung ganz sicher nicht geeignet.

Geruchsartikel:
Gerade bei Anfängerhunden müssen wir genau darauf achten, dass den Geruchsartikel nur die Versteckperson berührt, idealerweise hat sie auch die Tüte in der eigenen Jackentasche und übergibt sie selber dem Hundeführer. Sehr realistisch ist das nicht, denn im Ernstfall hinterlegt die vermisste Person kein Gazestückchen mit dem Eigengeruch in einer Tüte, die sonst niemand berühren darf. Also sollte man den Geruch auf ein Minimum reduzieren und bei Fortgeschrittenen auch immer mal wieder mit kontaminierten Geruchsartikeln arbeiten.

Geruch minimieren:
Eine Variante, den Geruch zu minimieren, ist, nur mit der Hand in die Tüte zu greifen und sie kurz drin lassen. Eine andere ist hineinzublasen. Interessanterweise reicht das vielen Hunden vollkommen aus. Das können Sie auch mit Anfängerhunden relativ schnell testen. Zur Sicherheit, wenn Bello das nicht reicht, haben Sie noch einen anderen Geruchsartikel dabei.

Kontaminierter Geruchsartikel:
Wenn Sie in einer Gruppe von mindestens 5 Menschen trainieren, dann wird ein Gegenstand der Versteckperson von Hand zu Hand gegeben, bis wirklich alle ihn einmal berührt haben. Der Gegenstand kommt in eine Tüte und die Versteckperson entfernt sich aus der Gruppe. Anfangs geht sie nur von der Gruppe weg, später kann sie einen richtigen Trail laufen. Der Hund prüft die Gruppe ab, wer fehlt und sucht dann die Person, die sich entfernt hat. Das kann auch mal eine nette Übung zwischendurch sein, wenn ein Hund wartet, bis er seinen Trail laufen kann, und in der Zwischenzeit auch etwas zu tun bekommen soll.

Wattebausch-Geruchsartikel:
Bei sehr fortgeschrittenen Hunden können Sie folgenden Test machen: ziehen Sie sterile Einweghandschuhe an, nehmen Sie einen Wattebausch (ohne (!) Parfüm) aus einer neuen Packung und reiben Sie ihn über eine Fläche, die überwiegend vom Geruch der Versteckperson kontaminiert ist, z.B. einen Autositz oder ein Kopfkissen. Diesen Wattebausch geben Sie in die Tüte und lassen den Hund damit suchen.

Unbekannte Versteckperson:
Um übertriebene Hilfestellungen durch die Hundeführer abzubauen und Hund und Mensch zu mehr Sicherheit zu verhelfen, kann man mit einer unbekannten Versteckperson arbeiten. Das bedeutet, dass der Hundeführer nicht weiß, wer sich diesmal für ihn versteckt. Dazu müssen natürlich genügend Verleitpersonen eingesetzt werden, idealerweise sind das Menschen, die der Hund bereits gesucht hat. Am Trailende muss die richtige Versteckperson natürlich deutlich zu erkennen geben, dass sie auch die richtige ist.

Unbekannte Route:
Bei Anfängern wird der Hundeführer am Anfang immer darüber informiert, wo der Trail läuft. Das kann dazu führen, dass er seinem Hund unbewusst Hilfestellung leistet. Für Hunde ist es komplett unlogisch, dass er suchen soll, wenn sein Mensch eigentlich schon weiß, wo's lang geht. Also wird er auf kleine Zeichen achten, die ihm die Arbeit erleichtern. Beispielsweise gehen Sie an einer Kreuzung automatisch etwas weiter nach links, weil die Versteckperson links gelaufen ist. Die Folge kann sein, dass Bello die Kreuzung nicht mehr richtig aussucht, weil Sie ihm ja geholfen haben. Wenn der Hundeführer nicht weiß, wo die Versteckperson gelaufen ist, kann er auch keine unabsichtlichen Zeichen geben. Dadurch lernt er aber wieder seinen Hund besser kennen und ihm zu vertrauen. Zur Sicherheit können Sie sich angewöhnen, direkt hinter Ihrem Hund zu laufen.

Das Gleiche gilt für die Begleitperson, die die Versteckperson zu ihrem Versteck gebracht hat. Durch winzige Bewegungen kann sie dem Hund Informationen geben, die ihn auf Dauer unselbständig machen. Achten Sie deshalb ganz besonders am Anfang darauf, dass alle, die mitlaufen, nicht versehentlich Hilfestellungen leisten, bzw. bauen Sie schnell unbekannte Routen auf. Das dient auch dazu, dass Sie Ihrem Hund besser vertrauen.

Stoppen auf dem Trail:
Es kann immer mal vorkommen, dass Sie Ihren Hund auf dem Trail stoppen müssen. Vielleicht kommen Sie an eine Viehweide und er zeigt Ihnen an, dass die Versteckperson über die Weide gegangen ist. Jetzt müssen Sie überprüfen, ob tatsächlich kein Vieh dort ist und ob der Zaun evtl. geladen ist. Oder Sie kommen an eine befahrene Straße, die ganz sicher nicht gesperrt wird, nur weil Sie gerade beim Trailen sind. Dazu brauchen Sie ein sicheres Signal, mit dem Sie Ihren Bello stoppen können. Bei mir ist

das „warte". Die Hunde lernen dieses Signal auch auf Entfernung auszuführen. Wenn der Weg wieder frei ist, gibt es ein einfaches „such weiter" ohne Sichtzeichen.

Mit zwei Hunden suchen:
Sollte ein Trail sehr lange oder sehr schwierig, sein, kann passieren, dass ein Hund alleine nicht klar kommt oder erschöpft ist. Dann kann ein zweiter Hund eingesetzt werden. Sie üben das so, dass die Versteckperson an einer festgelegten Stelle einen weiteren Geruchsartikel hinterlegt und der zweite Hund ab da übernimmt. Der erste Hund findet ebenfalls etwas, z.B. eine Jacke oder einen anderen größeren Gegenstand, der sehr intensiv riecht. Wie Sie das aufbauen, ob der zweite Hund sofort mitläuft, dann übernimmt und der erste Hund nach „hinten" wechselt, oder ob der zweite Hund besser mit dem Auto an die Wechselstelle hingebracht wird, müssen Sie testen. Nicht jeder Hund findet so eine Übernahme lustig und nicht jeder läuft locker hinterher. Auf alle Fälle sollten sich die Hunde gut kennen und mögen.

Nachtsuche mit Stirnlampe:
Das dürfen Sie nur und ausschließlich mit sehr gut trainierten Hunden machen, die mit ihrem Menschen ein richtig eingespieltes Team bilden. Für Anfänger ist es auf keinen Fall geeignet, auch nicht für Menschen, die ein Problem damit haben, ihren Hund richtig zu lesen. Hunde, die stark auf Personen in der Dunkelheit oder Dämmerung reagieren, sollten nicht mit diesem Training belastet werden. Denken Sie bitte daran: wir trainieren nicht für den Ernstfall, es geht nur um Spaß und Spiel. Wer allerdings weiß, wie sein Hund sucht, und sicher ist, dass er kein Problem mit Menschenbegegnungen im Dunkeln hat, der kann eine Nachtsuche durchaus mal versuchen. Die Strecke sollte allerdings gut abgesprochen werden, so dass Sie und Ihr Personal garantiert keinen Fehler machen können.

Bebauter Bereich / Stadt – alternativ Wald / Wiesen:
Falls Sie wie ich überwiegend im ländlichen Bereich arbeiten, müssen Sie Ihren Hund langsam an die veränderten Umstände heranführen. Im bebauten Gebiet, auch in kleinen Dörfern, fahren Autos, die die Luft verwirbeln und damit auch den Geruch, und selber Gestank verbreiten. Wir suchen uns also zum Anfangen einen eher ruhigen Straßenzug mit wenig Verkehr und wenig Störungen wie Hunde hinterm Zaun, Spaziergänger, schreiende Kinder und ähnliches. Der Trail ist deutlich kürzer als üblich und liegt auch

kürzer. Als Versteckperson nimmt man jemanden, den der Hund kennt und mag. Verleitpersonen lässt man am Anfang weg. Wenn man das mehrfach wiederholt hat, holt man die Verleitpersonen dazu, sucht sich Gebiete, in denen mehr los ist und baut ganz allmählich immer mehr Schwierigkeiten ein. Je besser der Hund in seinem Alltag mit der Stadt und ihren Gegebenheiten vertraut ist, umso leichter wird es ihm natürlich fallen.

Umgekehrt müssen Sie einen Hund, der in der Stadt gelernt hat zu trailen, an die veränderten Bedingungen auf dem Land gewöhnen. Allerdings ist das etwas einfacher. Im Unterschied zur Stadt haben Sie jetzt unter Umständen Wildgerüche, die ihn ablenken.

Straßenkreuzungen im Ortsbereich:
Das ist hohe Schule und deshalb wird es hier nur der Vollständigkeit halber erwähnt. Beim Aussuchen von städtischen Kreuzungen muss Ihr Hund sich beim Suchen unterbrechen lassen, z.B. mit „warte", um etwa an einer Ampel zu warten, er muss das Pausensignal kennen, damit er sich auf einer sowieso sehr geruchsintensiven Kreuzung nicht übernimmt und er muss mit der Stadtumgebung und ihren Bedingungen vertraut sein. Es werden so viele Stellen abgearbeitet, wie die Kreuzung Gehsteige hat, insgesamt also max. sieben. Zu Beginn wird einfach an der Stelle abgebogen, wo der Hund ankommt. dann wird ganz allmählich an der nächsten, übernächsten usw. Abzweigung abgebogen.

Sie sehen, das ist eine sehr arbeitsintensive Suche. Für sehr ehrgeizige Fortgeschrittene kann es eine interessante Sache sein. Anfänger lassen davon bitte die Finger. Auf jeden Fall sollten Sie so schwere Situationen immer mit einem Profi üben, der weiß, was er tut.

Individuelle Problemstellungen:
Nicht jeder Hund möchte alles machen und jeden suchen. Es gibt Hunde, die aus rassespezifischen Gründen oder aus ihrer Lebenserfahrung heraus kein Problem damit haben, wenn fremde Menschen verschwinden und nicht mehr auftauchen. Ein großer Weißer Schweizer war so einer, der überhaupt kein Interesse daran hatte, wenn jemand, den er weder kannte oder womöglich nicht mochte, irgendwo saß und darauf wartete, gefunden zu werden. War doch nicht sein Problem. Menschen, die er liebte, fand er dagegen immer und überall und zu jeder Tages- und Nachtzeit.

Bei einem Workshop, den ich bei einer Kollegin abhielt, war ein Jack-Russell-Terrier. Der kleine Kerl hatte bei seinem ersten Halter so schreckliche Erfahrungen gemacht, dass er einfach nur froh war, wenn alle außer seinen neuen Menschen ihn in Ruhe gelassen haben. Warum sollte er also andere Menschen suchen, wenn selbst die freundliche Trainerin, die er bereits seit zwei Jahren kannte, ihn nicht anfassen durfte? Der große Weiße hat also vor allem bekannte Menschen gesucht, der kleine Jackie nur und ausschließlich sein Herrchen. Denn auch sein Frauchen war ein Problem: er bekam Panik, wenn sie sich entfernte. Allerdings fand er die Suche nach seinem Herrchen großartig und er hat es sehr genossen, wenn er von allen Anwesenden ganz toll gelobt wurde. Es war eine wunderbare Übung für sein Selbstbewusstsein.

Eine andere Hündin wurde zu einem Mantrailerkurs bei mir angemeldet, nachdem sich die Halterin von dem von mir bevorzugten Anzeigeverhalten überzeugt hatte. Ihre Hündin war einfach zu freundlich und sprang alle fremden Menschen an – nicht lustig, wenn es sich um einen Minibulli handelt, da die meisten Menschen vor diesen netten Hunden Angst haben. Übermäßig eifrig war die Hündin nicht unbedingt immer dabei, es ging mal besser, mal schlechter. Aber im großen und ganzen kam sie gerne zum Training. Natürlich hat es ein wenig gedauert, aber heute hat sich das Problem weitgehend erledigt. Das liegt nicht nur am Trailen und Anzeigen, denn selbstverständlich muss man auch im Alltag mit solchen Hunden das ruhige Vorbeigehen an Menschen üben.

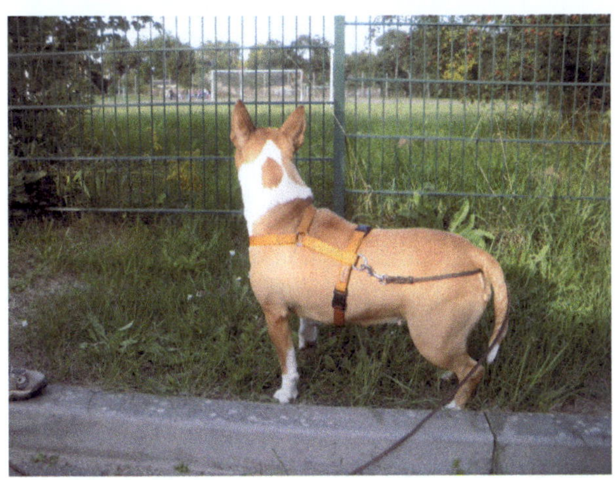

Dea kontrolliert beim Trailen

Für sehr wachsame Hunde kann es eine große Herausforderung sein, wenn plötzlich und unvermutet ein Mensch hinter einem Baum oder einer Mauer steht. Manche Rassen neigen dazu, sofort nach vorne zu gehen und den vermeintlichen Angreifer abzuwehren. Dazu gehören die meisten Gebrauchshunderassen, die aus Schutzdienstlinien kommen, bei diesen Hunden ist es sehr schwer, sie davon abzuhalten, denn sie wurden über Generationen genau dafür gezüchtet. Aber auch andere Hunde wie z.B. Russische Terrier oder Herdenschutzhunde können da schon mal auf blöde Gedanken kommen. Bei vorsichtigem und gut durchdachtem Training kann man hier mit etwas Geduld gute Erfolge erzielen.

Jagdbegeisterte Hunde können unter Umständen beim Trailen einen schönen Ersatz finden. Aber seien Sie vorsichtig mit Versprechungen, dass diese Hunde dann tatsächlich aufhören zu wildern und zukünftig überall frei laufen dürfen. Für den Trainingstag und vielleicht noch die Tage danach kann es schon sein, dass Ihr Bello so müde ist, dass er die Zähne von den Hasen lässt. Aber Jagen hat etwas mit Nahrungsbeschaffung zu tun und ist deshalb nur in gewissen Grenzen durch Training einzudämmen.

Aqua , die kleine Chinese-Crested-Hündin ist Fremden gegenüber sehr unsicher und sucht sie trotzdem mit Begeisterung

Bitte bedenken Sie immer: Mantrailing ersetzt kein Training im Alltag. Misstrauische Hunde bleiben auch dann misstrauisch, wenn sie den hundertsten Menschen gefunden haben und dafür belohnt worden sind. Gerade bei sehr misstrauischen, wachsamen Hunden, die womöglich schlechte Erfahrungen gemacht haben, müssen Sie behutsam vorgehen und nicht einfach irgendwas irgendwie austesten. Dieser Schuss kann gewaltig nach hinten los gehen. Bei richtigem Training wird der Hund gelassener fremden Menschen gegenüber, aber lieben muss er die Versteckperson und andere Menschen deshalb immer noch nicht. Das erreichen Sie aber auch nur, wenn das Suchen an sich für den Hund so toll ist, dass er die Versteck- und Verleitpersonen in Kauf nimmt. Falls Sie also das Trailen als Therapie einsetzen möchten, überlegen Sie genau, was Sie erreichen möchten und was Sie tun müssen, damit es auch klappt. Trailen generell als Therapie anzubieten, ist deshalb sehr fragwürdig.

Schuhe / Kleidung / Schrittgeräusche

Einige Schwierigkeiten, die Sie ganz automatisch einbauen, bestehen aus Ihrer Kleidung, Ihren Schuhen und Ihren Schritten. Gerade wetterfeste Kleidung raschelt oft beim Gehen. Schwere Schuhe wie Gummi- oder Trekkingstiefel bewirken manchmal, dass Menschen damit mehr oder weniger trampeln. Damit können Sie nicht schleichen, aber bei Regen oder kaltem Wetter haben Sie solche Schuhe eben an. Wichtig ist deshalb, dass Sie daran denken. Gerade wenn Bello langsamer wird, müssen Sie automatisch und sofort ebenfalls langsamer werden, damit das hektische Rascheln Ihrer Kleidung und das Trampeln der schweren Schuhe ihn nicht weiter treibt.

Dokumentation

Videoaufnahmen:

Falls Sie die Möglichkeit haben, Aufnahmen Ihrer Trainings zu machen, dann tun Sie das bitte. Das ist absolut kostbar und hilft Ihnen gut weiter. Manche Probleme erkennen Sie erst dann, wenn Sie das Video in Ruhe ansehen. Es gibt zu relativ moderaten Preisen gute Kopfkameras, die sich dafür hervorragend eignen. Aber auch eine Begleitperson, die filmen kann, kann man sich immer mal wieder organisieren.

Sprachaufnahmen:

Diktiergeräte haben den Vorteil, dass Sie sofort nach dem Trail Ihre Eindrücke aufsprechen können und sich damit ziemlich sicher besser an alles erinnern, als in ein, zwei Stunden oder noch später, wenn Sie endlich dazu kommen, Tagebuch zu führen. In Gruppen kann man hier auch festhalten, wer für wen geht, denn bei größeren Gruppen kann das schon mal zu Verwirrungen führen.

GPS:
Bei uns in der Uckermark gehen diese Dinger sehr oft deshalb nicht, weil wir kein Netz haben. Das bewirkt, dass wir uns voll und ganz auf die Hunde verlassen müssen. Ehrlich: was wollen Sie? Die Versteckperson selber finden oder soll das der Hund machen? Sie schicken doch Ihre Versteckpersonen nicht irgendwo hin in die Wüste, wo sie tagelang warten muss und mit viel Glück dann vom Hund gefunden wird. Wenn Sie unbedingt eines einsetzen möchten, können Sie das natürlich tun. Aber Hunde haben vermisste Menschen auch schon zu Zeiten gefunden, als es kein GPS gab.

Planung:
Bedenken Sie bei allen Situationen, die Sie stellen, dass diese so nahe wie möglich an der Realität sein sollten. Manch ein übereifriger Helfer denkt sich Varianten aus, die es so in Wirklichkeit nicht gibt. Planen Sie deshalb alles so, als ginge es um eine ganz normale Suche im Alltag, in dem sich Menschen alltäglich und normal durch die Welt bewegen.

Grundsätzlich gilt, was im Training mit Hunden immer gilt: Jeder Hund reagiert anders, hat andere Schwierigkeiten und andere Vorlieben und Abneigungen. Mit Druck erreicht man gerade in der Nasenarbeit nie etwas Vernünftiges.

Was noch zu beachten ist

Pausen:
Trailen ist für die Hunde sehr anstrengend, deshalb brauchen sie auch ausreichend Zeit, um sich zu erholen. **Eine Pause ist nicht:** ein wildes Spiel, mit Herrchen in der Kneipe warten, bis der Regen aufhört, ein ausgedehnter Spaziergang oder eine Toberunde mit Kumpeln. Mit **Pause** ist auch **Pause** gemeint, d.h. entweder wird dem Hund die Möglichkeit gegeben, sich auszuruhen, z.B. im Auto oder man unternimmt mit ihm Aktivitäten, die ruhig und friedlich sind, z.B. eine kleine Runde (15 Minuten), wo er ausschließlich frei laufen, schnüffeln und sich lösen kann.

Pausen sind auch zwischen den Trainingstagen notwendig. Bei einem Training sollte ein Hund nie mehr als zwei Trails gehen, aber auch das nur, solange die Trails kurz sind. Spätestens wenn Sie anfangen, die Trails länger als 200 Schritte zu machen und / oder sie länger als eine Stunde liegen zu lassen, reicht zum Training ein Trail. Bei jungen, unerfahrenen Hunden, die sich auf jeden Trail riesig freuen, kann es sinnvoll sein, einen kurzen Trail von 50-80 Schritten zum Warmlaufen zu machen, dann folgt eine Pause, anschließend kommt der „richtige" Trail. Sowie der Hund aber generell ruhiger und konzentrierter arbeitet, lassen Sie den Trail zum Warmlaufen weg.

Pausen sind nicht nur wichtig, damit sich der Hund von dieser anstrengenden Arbeit erholt, er muss das Gelernte ja auch verarbeiten und verdauen können. Wenn längere Pausen waren, z.B. wegen Urlaub oder Krankheit, sollte man erst dort wieder anfangen, wo man aufgehört hat, oder ein bisschen vorher, dann kann man aber wieder zügig weitermachen. Pausen bewirken sehr häufig, dass die Hunde wieder belastbarer sind, ihr Kopf ist frei für neues und man kann sie mit neuen Schwierigkeiten konfrontieren.

Zeit:
Lassen Sie sich und Ihrem Hund Zeit. Die braucht er, um

- zu verstehen, was Sie wollen
- die Aufgabe zu überlegen
- sie auszuführen
- und das Gelernte zu verfestigen.

Wenn Sie zu schnell und ungeduldig vorgehen, an einem Tag drei lange Trails legen, sechs mal die Woche üben, und ihm nie die Möglichkeit geben, das Gelernte zu überdenken, dann hat er irgendwann keinen Spaß mehr daran. Und nur ein Hund, der die Aufgabe verstanden hat und daran Spaß hat, arbeitet auch gut. Unterteilen Sie jede Aufgabe in kleinste Schritte, geben Sie ihm soviel Zeit dafür, wie er braucht, und Sie werden sich wundern, wie schnell Sie Fortschritte machen.

Langeweile im Training:
Genauso wichtig wie die Pausen ist der richtige Fortschritt, d.h. manche Hunde langweilen sich zu Tode, weil Herrchen immer noch nicht neue Schwierigkeiten und Herausforderungen einbaut. Die 37. Fährte mit 50 Schritten geradeaus ohne irgendwas Neues nervt nur noch und der Hund macht aus Langeweile Blödsinn. Man sollte also jede neue Herausforderung 3-4 mal üben, so dass man sicher weiß, der Hund kann das jetzt und dann etwas neues anfangen.

Örtliche Besonderheiten:
Was Sie hier lesen, richtet sich überwiegend nach dem, wie ich in meiner Umgebung mit meinen Gegebenheiten arbeiten kann. Das kann durchaus bei Ihnen ganz anders sein. In manchen Gemeinden kann es beispielsweise notwendig sein, das Training anzumelden. Andere Gemeinden schreiben eine exakte Leinenlänge im Ortsbereich vor und Sie müssen sich vor dem Trailen längere Leinen genehmigen lassen. In der Regel sind die Kommunen sehr erfreut, wenn man mit den Hunden vernünftig arbeitet. Deshalb erhält man diese Genehmigungen normalerweise auch.

Achtung! Suchtgefahr!
Sie glauben, das ist ein Witz? Ist es nicht. Mantrailer haben wirklich etwas von Süchtigen an sich. Das liegt schon daran, dass viele Hunde sich ein Loch in den Bauch freuen, sobald Sie alles für das Training herrichten. Und dann macht es einfach so unglaublich viel Freude, einen begeisterten Hund beim Arbeiten zu sehen. Viele Menschen, die zum ersten Mal erleben, was ihre Pelznase da Tolles kann, sind zu Tränen gerührt und nur noch glücklich und stolz. Ich habe schon erlebt, dass Menschen mit Tränen in den Augen vor ihren Hunden in die Knie gegangen sind, weil sie es nicht fassen konnten, was ihr Liebling geleistet hat,. Und Ihr Hund findet trailen sowieso toll, besonders, wenn Sie mit ihm zu einem guten Team zusammen wachsen.

Man lernt nie aus

Mantrailing ist eine unglaubliche interessante und hochkomplexe Arbeit, die hohe Anforderungen an beide Seiten stellt. Falls Sie glauben, dass ich hier ende, weil ich jetzt alles aufgeschrieben habe, auf was es ankommt, muss ich Sie enttäuschen. Auf gar keinen Fall versetzt ein noch so dickes und ausführliches Buch Sie und Bello in die Lage, für alle denkbaren Fälle ausgebildete Mantrailer zu werden. Dieses Kapitel im Buch des Lernens endet nie. Besuchen Sie Seminare, suchen Sie sich Gleichgesinnte zum Zusammenarbeiten, lernen Sie aus Fehlern, lassen Sie sich viele Variationsmöglichkeiten einfallen, Sie werden sehen, man lernt nie aus.

Die Kunst besteht darin, nicht zu schnell, nicht zu langsam, nicht zu schwierig und nicht zu einfach vorwärts zugehen, nie ungeduldig zu werden, nie dem Hund die Schuld zu geben und ihn immer so zu motivieren, dass er gerne und begeistert mitmacht.

Denken Sie immer daran: Es geht nur um eine Freizeitbeschäftigung, darum dass der Hund einen Dummy oder eine Jacke im Wald findet. Im Fall der Fälle wissen Sie immer noch, wo Sie Ihre Versteckperson abholen können. Es geht nicht um Leben und Tod. Und es soll allen Beteiligten Spaß machen – auch und in erster Linie Ihrem Hund. Den Unterschied zwischen „wichtig" und „unwichtig" machen wir, nicht die Hunde.

Das nachfolgende Trailprotokoll wurde mir von Marry Bruckert aus Berlin zur Verfügung gestellt.

Fährtenprotokoll (Fährtenleger: *Matthias*, Kontrollperson: *Frank)*

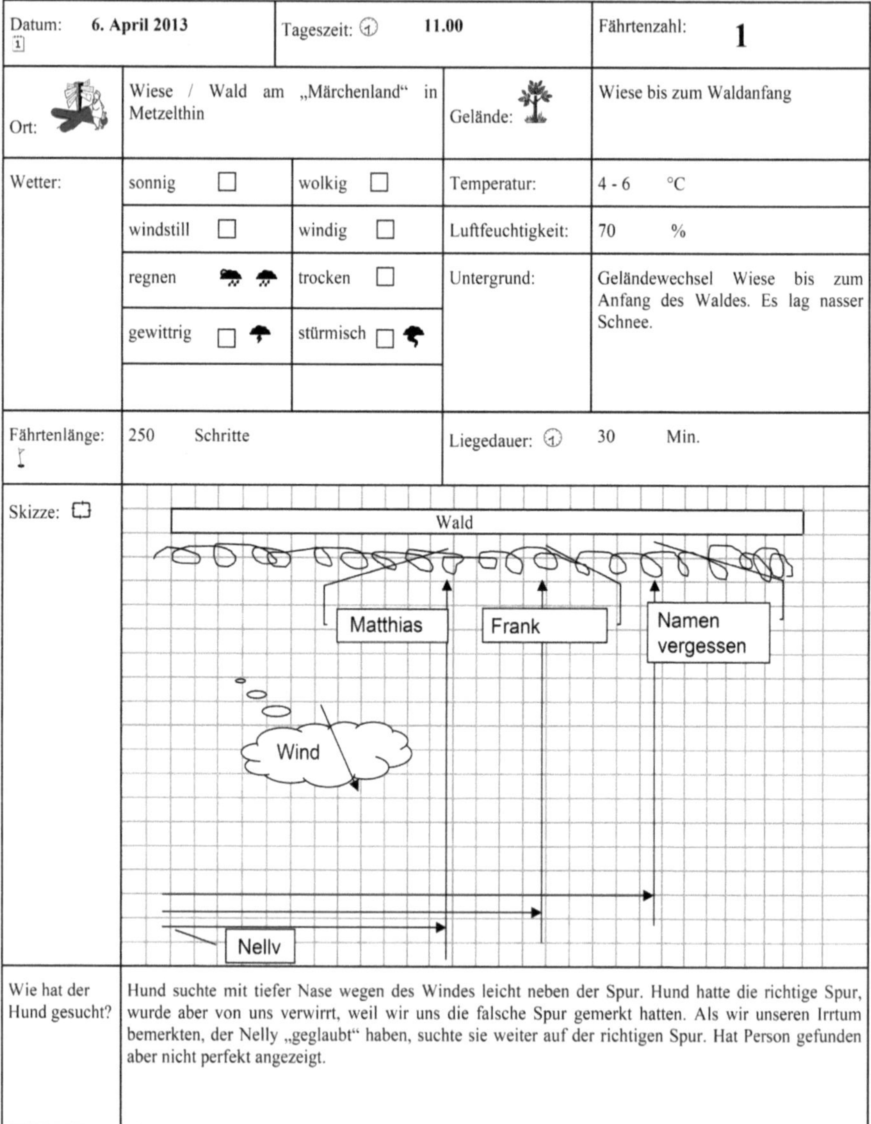

Datum: 6. April 2013		Tageszeit: 11.00		Fährtenzahl: **1**
Ort:	Wiese / Wald am „Märchenland" in Metzelthin		Gelände:	Wiese bis zum Waldanfang
Wetter:	sonnig ☐	wolkig ☐	Temperatur:	4 - 6 °C
	windstill ☐	windig ☐	Luftfeuchtigkeit:	70 %
	regnen	trocken ☐	Untergrund:	Geländewechsel Wiese bis zum Anfang des Waldes. Es lag nasser Schnee.
	gewittrig ☐	stürmisch ☐		
Fährtenlänge:	250 Schritte		Liegedauer:	30 Min.
Skizze:	Wald Matthias Frank Namen vergessen Wind Nelly			
Wie hat der Hund gesucht?	Hund suchte mit tiefer Nase wegen des Windes leicht neben der Spur. Hund hatte die richtige Spur, wurde aber von uns verwirrt, weil wir uns die falsche Spur gemerkt hatten. Als wir unseren Irrtum bemerkten, der Nelly „geglaubt" haben, suchte sie weiter auf der richtigen Spur. Hat Person gefunden aber nicht perfekt angezeigt.			

Fazit

Nasenarbeit ist etwas, das mich immer schon fasziniert hat. Vermutlich geht das jedem so, der mit Hunden arbeitet. Als Trainerin werden immer wieder Bitten um Hilfe an mich herangetragen, weil ein Hund für die Jagdhundeprüfung nicht so arbeitet wie er soll, ein Retriever nicht apportieren möchte, ein Schäferhund für sein Leben gerne jagt, oder ein Familienhund eine gute Auslastung benötigt. Es gibt viele Anlässe, sich mit der Supernase unserer vierbeinigen Freunde zu befassen und kaum jemand kann sich der Faszination entziehen, die von einem konzentriert und begeistert arbeitenden Hund beim Trailen oder bei der Suche nach Gegenständen ausgeht.

Seit mein Mann und ich unsere Hundeschule in Metzelthin eröffnet haben, biete ich im Einzelunterricht oder in Seminaren viele Varianten der Nasenarbeit an und habe dadurch schon viele Hunde in ihrer individuellen Art zu arbeiten kennengelernt. Mit jedem neuen Hund kommen neue Herausforderungen und neue Schwierigkeiten, die ich als Trainerin bewältigen muss, und das bereitet mir bei der Arbeit unglaublich viel Freude. Das liegt aber besonders daran, dass die Pelznasen immer mit Feuereifer bei der Sache sind.

Nasenarbeit hat nur Vorteile und nicht einen Nachteil, sowohl für den Hund als auch für den Hundebesitzer: man beschäftigt sich mit dem Hund, ist an der frischen Luft, muss sich bewegen, man muss kreativ sein, um das Arbeiten interessant zu gestalten, und dafür wird man auch noch mit einem glücklichen Hund belohnt, egal ob man es nur aus Spaß, oder mit ernstem Hintergrund benötigt.

In diesem Sinne wünsche ich allen Lesern viel Spaß beim Ausprobieren und gemeinsamen Arbeiten mit ihrem Hund. Sie werden es nicht bereuen.

Glossar

Abtritt: Ende einer Fährte

Ansatz / Antritt: Beginn eines Trails, bzw. einer Fährte

anreizen: den Hund auf die Fährte / den Trail neugierig machen, indem man ihn z.B. mit einem Dummy zum Spielen auffordert und dann den Dummy schnell von ihm wegträgt

Anzeige / Anzeigeverhalten: die Art und Weise, wie ein Hund zeigt, dass er die Versteckperson oder einen Gegenstand, der nach ihr riecht, gefunden hat

Artgeruch: typischer Geruch einer Art, z.B. Hund, Katze, Pferd, Mensch ...

Backtrail: Spur, die vom Trail weg- und wieder zurückführt, z.B in eine Einfahrt hinein

Begleitperson: Person, die evtl. die Versteckperson und Verleitpersonen in Position bringt und Hunde und Hundeführer auf dem Trail begleitet. Sie kennt den Trail und seine Schwierigkeiten und hilft dem Hundeführer auch beim Tragen seines Rucksacks oder bei der Bewältigung schwieriger Situationen.

Bodenverletzung: entsteht dadurch, dass ein Mensch oder Tier Mikroorganismen und Pflanzen beim Gehen zertritt. Dadurch entsteht ein Geruch, den der Hund wahrnehmen kann.

Bringselanzeige: Der Hund nimmt, wenn er bei der Versteckperson angekommen ist, ein Stück Leder oder Holz, das er an einem Halsband trägt, ins Maul und läuft so zu seinem Hundeführer. Sie wird vor allem bei frei suchenden Hunden angewendet und ist im Aufbau sehr anspruchsvoll.

Caniden: Hundeartige

Dummy: Stoffbeutel, der mit Futter gefüllt werden kann und entweder zum Schleppen oder Apportieren verwendet wird

Fährte: Suche einer bestimmten Person durch Ansatz an der Stelle, an der sie sicher verloren gegangen ist

Geruchsartikel: kleiner Gegenstand, der mit dem Geruch der Versteckperson kontaminiert ist

Geruchsbild: Bezeichnung für die Vorstellung, die der Hund - vielleicht - beim Aufnehmen des Geruchs von der gesuchten Person hat, bzw. von der geruchlichen Vorstellung des Hundes von seiner Umgebung

Geruchswolke: die Partikel, die vom Körper abfallen, umschweben jedes Individuum wie eine Wolke, die es nach sich zieht. Diese Wolke verflüchtigt sich relativ schnell z.b. durch Wind und Regen, aber auch dadurch, dass die Partikel sich absetzen und verteilen.

Geruchspool: Damit bezeichnet man eine Stelle, an der der Geruch besonders intensiv ist. Das kann ein Platz sein, an dem die Versteckperson eine Markierung angebracht oder sich nach Vereinbarung länger aufgehalten hat. Ein Geruchspool kann auch unbeabsichtigt entstehen, wenn sich der Geruch z.B. in einer Senke sammelt.

Individualgeruch: Geruch, der jedem Individuum anhaftet und durch Faktoren wie Ernährung, Kleidung, Gemütszustand, Medikamente, Kosmetik, Körperpflegemittel und anderes beeinflusst wird. Der Individualgeruch wird mit den Körperzellen, die von jedem Lebewesen ständig abfallen, verbreitet und bleibt auch eine gewisse Zeit erhalten.

Kontrollperson: identisch mit Verleitperson, die Person(en), die der Hund auf dem Trail kontrollieren soll

kontaminierter Geruch: Geruch, der nicht nur von einer Person, sondern von mehreren Personen stammt

kreiseln: So nennt man die Bewegung, die ein Hund zeigt, wenn er im großen Kreis um seinen Hundeführer läuft, um den Geruch zu finden. Es ist eine wichtige Selbstkorrektur, die nicht unterbunden werden darf.

Länge des Trails: die Strecke, die die Versteckperson nach Absprache mit dem Hundeführer geht

Liegedauer des Trails: Zeit, vom Start der Versteckperson bis zum Start des Hundes: z.B. geht der Hund dreißig Minuten nach der Versteckperson auf den Trail

Mantrailing: Suche einer bestimmten Person über den Individualgeruch

Markierung: sichtbares Zeichen, das angebracht wird, um dem Hundeführer zu zeigen, wo der Trail entlang geht, z.B. Papierstreifen, Markierungsbänder, Kreidespray

Nachsuche: jagdlicher Jargon für die Sucharbeit nach einem angeschossenen Tier, das noch flüchten und sich verstecken konnte

Negativansatz: Ansatz des Hundes an einer Stelle, an der die Versteckperson sicher nicht war

Negativanzeige: Hund zeigt an, dass hier die Versteckperson nicht war oder verschwunden ist

Schleppe: Spur, die sehr intensiv nach etwas riecht, das die Versteckperson / der Fährtenleger hinter sich hergeschleppt hat, z.B. ein Stück Fleisch

Trachialkollaps: Zusammenfallen der Luftröhre, kommt besonders bei kleinen Hunden vor, macht sich wie ein asthmatischer Anfall bemerkbar

Trail: englisch für Weg, gleichbedeutend mit der Strecke, die die Versteckperson läuft

U-Turn: U-förmige Bewegung, die der Hund zeigt, wenn er von einer Kontrolle z.B. eines Backtrails zurückkommt

verbellen: der Hund zeigt durch Bellen an, dass er die Versteckperson gefunden hat

Verleitungen: alles, was dazu geeignet ist, Ihren Hund vom Suchen abzulenken

Verleitperson: Person, die zur Kontrolle auf der Strecke steht und nicht die gesuchte Person ist

Versteckperson / Fährtenleger: die Person, die gesucht werden soll

Verwundgeruch: Das ist im Jagdjargon die Bezeichnung für den Geruch eines angeschossenen Tieres. Man kann davon ausgehen, dass die Hunde nicht nur das Blut, sondern auch das Adrenalin riechen, das das Tier durch den Stress der Verwundung ausstösst.

Winkel: Beim Arbeiten im freien Gelände oder im Wald wird vereinbart, wie oft und in welche Richtung die Versteckperson abbiegt, damit der Hund lernt, dass das zufällig in jede Richtung passieren kann. Die Winkel müssen immer stumpf sein also zwischen 120° und 150°.

Wundbett: jagdlicher Ausdruck für eine besonders intensiv riechende Stelle, an der sich das verletzte Tier abgelegt hat

Zwischenbelohnung: liegt entweder auf dem Zwischengegenstand oder wird beim Anzeigen des Zwischengegenstands vom Hundeführer gegeben. Dient für manche Hunde zur Aufrechterhaltung der Motivation, kann aber auch bei manchen Hunde dazu führen, dass sie die Suche einstellen.

Zwischengegenstand: Gegenstand, der intensiv nach der Versteckperson riecht und auf dem Trail liegt. Manche Hunde suchen dann motivierter weiter.

Literaturhinweise

Gute Arbeit! Über die Eignung und Motivation von Arbeitshunden
Anders Hallgren, animal learn Verlag

Nasenarbeit
Ann Lill Kvam, animal learn Verlag

Mantrailing: Teamarbeit mit Nase und Verstand
Robert Boulanger

Bildnachweise

Fanny Mielke, Lychen:
Titelbild

Dagmar Fuchs, Ringenwalde:
Seiten 14, 52, 84 und Rückseite Ute mit Riesenschnauzer

Ute Rott:
Seiten 16, 29, 37, 46, 56, 71, 72, 85

Danke schön

In dieses Buch sind außer meinen eigenen viele Erfahrungen eingeflossen, die mir andere übermittelt haben, denn niemand erfindet das Rad neu und Austausch gehört zu den wichtigsten Informationsquellen, um dazu zu lernen.

In erster Linie bedanke ich mich bei meinen eifrigen Korrekturlesern, die mich auch auf logische und Verständnisfehler hinweisen: Andreas Schenz und meinen Mann Ernst Wagner-Rott.

Robert Boulanger danke ich für ein hochinteressantes Seminar zum Thema „Mantrailing" beim Kollegenkreis Gewaltfreies Hundetraining, in dem ich viele wichtige Anregungen bekommen habe. Er hat mich in vielem bestätigt, was ich mir selber erarbeitet hatte.

Meinen Kunden und ihren Hunden, die diesen Weg mit mir gemeinsam gegangen sind, mit denen ich arbeiten und lernen durfte, danke ich von ganzen Herzen. Ganz besonders denke ich dabei an die wunderbare Riesenschnauzerhündin Fara, die leider schon verstorben ist. Ich durfte mit ihr einige Jahre lang trailen. Vielen Dank dafür.

Stellvertretend für alle anderen Hunde möchte ich der entzückenden Kromfohrländerhündin Kalla danken, die mit einer unglaublichen Begeisterung vom ersten Tag an dabei war und mir gezeigt hat, wie und mit welcher Akribie Hunde über das nachdenken, was sie tun. Und sie ist der lebende Beweis dafür, – wie die kleine Chinese-Crested-Hündin Aqua – dass die Größe beim Trailen keine Rolle spielt.

Kallas Belohnung nach dem Trail: Ute küssen

Zur Autorin

Ute Rott lebt mit ihrem Mann und ihren Hunden seit 2005 in Metzelthin in der Uckermark. Dort betreibt sie eine Hundeschule und vermietet Ferienwohnungen und Stellplätze für Reisemobile an Menschen mit Hunden.

Die Ausbildung zur Hundetrainerin hat sie 2005 bei animal learn in Bernau am Chiemsee erfolgreich abgeschlossen. Sie ist Mitglied im Fachkreis Gewaltfreies Hundetraining. Ihre Spezialgebiete sind: gewaltfreies Training zum Grundgehorsam, Verhaltensberatung und Verhaltenstherapie bei auffälligen Hunden, Mantrailing und Ernährung.

Bereits erschienen im PhiloCanis Verlag:

Ute Rott
Wohl bekomm's !
Dein Hund ist, was er frisst!
ISBN 978-3-9818307-0-5

Ute Rott
Herzlich willkommen!
Ein Hund kommt ins Haus
ISBN 978-3-9818307-1-2